Facebook社群經營致富術

坂本翔——著
王美娟——譯

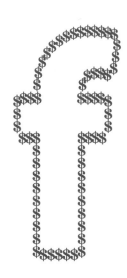

序

「Facebook（臉書）」是全球最大的社群網路服務（Social Networking Service，簡稱社群網站），**全世界約有15億用戶，其中日本就占了2500萬人**（截至2016年1月為止）。

由於Facebook具備按讚、留言、分享等功能，接收到資訊的用戶能夠很輕易地將資訊散播出去。重點是，這種時候資訊是**「透過朋友」**散播出去的。比起從陌生人那裡聽說的資訊，人通常更信賴熟人提供的訊息。利用Facebook發布消息，可使資訊於「有用戶的朋友掛保證」這種狀態下擴散出去，因此只要運用得當，Facebook就能變成厲害的營業工具。此外，由於Facebook採真名註冊制，跟其他的社群網站相比用戶的年齡層較高，可說是適合商業運用的社群網站。

近年來，報紙的發行量與電視的收視率皆不斷下滑。反觀網路使用者隨著智慧型手機的普及而暴增，社群網站的用戶同樣有了大幅度的成長。

企業單方面傳遞自家商品或服務資訊的舊時代已經結束，**消費者與企業之間越來越需要雙向且對等的交流**，好比說利用Facebook發布能令用戶產生共鳴的資訊，藉此跟用戶進行交流。

- 創業2個月內就受邀舉辦演講
- 在日本擁有不輸給同業、同齡者的龐大人脈
- 在交流會之類的場合上經常聽到「我一直很想跟你見上一面」這句話
- 不花一毛廣告費就能招攬到超過600名經營者參加自己主辦的活動
- 接受報章雜誌等媒體採訪、上廣播節目、出版書籍

上述這幾點，是我在創業後短短1年之內透過Facebook達成的一小部分成果。在Facebook上，只要你有策略地發布資訊並進行交流，便可收到這些成效。

我從學生時代就在玩樂團，在面臨「沒錢打廣告招攬觀眾欣賞現場表演」的狀況時，我就利用當時盛行的「部落格」順利招攬到觀眾前來捧場。這個經驗，

促使我在日後運用Facebook獲得客源。

現在，我便是運用Facebook進行所有事業的行銷活動。除了推廣自己經營的公司和行政書士[1]事務所的業務外，為主辦的講座或音樂活動招攬顧客、經營士業[2]社群時，也都是以Facebook為主要工具，而且還獲得了豐碩的成果。

過去至今，坊間已有許多關於Facebook的書籍，不過本書要傳授給各位的是我自創的臉書活用術**「Facebook行銷」**。從概念到具體的技巧，所有關於「Facebook行銷」的知識全在這本書裡。

假如你是「接下來想認真運用Facebook」，或是「之前都靠自己的方式運用，卻始終交不出成果」的人，學會本書傳授的「Facebook行銷」，是擺脫當前窘況的最快捷徑。

順帶一提，這是一本教導讀者實行「Facebook行銷」所需的訣竅、技術、觀念之書籍，而不是Facebook的操作解說書。因此本書省略了各種設定方法的解說，敬請各位見諒。

我想，即使時代演進，將來又出現了新的社群網站，本書傳授的根本概念依舊能供各位繼續運用下去。倘若企業或店家願意將本書當成**教科書**，並善加運用Facebook和其他社群網站進行行銷活動，沒有比這更令作者開心的事了。

衷心期盼各位能藉由學會「Facebook行銷」，使自己的人生更加光鮮燦爛、突飛猛進。

2016年1月　坂本翔

1. 日本特有的職業，代理個人或企業處理提交給行政機關的文件。
2. 在日本指需考取執照才能從事的士字輩職業，例如行政書士、會計士、辯護士（即律師）等等。

CHAPTER 01

了解Facebook行銷的「基礎」

CHAPTER 02

為Facebook行銷做「準備」

CHAPTER 03

Facebook行銷中招攬「潛在顧客」的方法

CHAPTER 04

學習Facebook行銷的「有效發文術」

CHAPTER 05

觀摩Facebook行銷的「有效貼文範例」

CHAPTER 06

Facebook行銷的「活動集客」方法

CHAPTER 07

利用Facebook廣告「加速集客」的方法

CHAPTER 08

Facebook以外的社群網站運用方法

◎免責聲明

・本書記載的內容僅供參考之用，請讀者務必考量自身責任並自行判斷，再運用本書的資訊。無論運用這些資訊之後有何結果，出版社及作者概不負責。
・本書刊載的內容，為2016年1月當時的資訊。閱讀及運用本書時，書中刊載的Facebook畫面或功能可能與實際情況有所出入。
・請在同意以上注意事項後運用本書。若未詳閱上述注意事項，即使事後提出問題，出版社及作者也有可能不會受理，敬請見諒。

◎關於商標及註冊商標

・本正文中記載的日本公司名稱、產品名稱等等，皆為該公司在日本的商標、註冊商標、商品名稱。
・此外，正文並未標記TM與Ⓡ等標誌。

CHAPTER

01

了解Facebook行銷的「基礎」

01 什麼是「Facebook行銷」？

一如書名，此刻各位拿在手上閱讀的書，即是教人**「如何把Facebook變成最強的行銷工具」**。而**「Facebook行銷」**正是本書的重要關鍵字。本節就來為大家說明「Facebook行銷」一詞的定義。

「行銷」這個詞，一般是指「持續進行銷售活動以獲得利潤」的意思。講「銷售活動」聽起來有點生硬，簡單來說其實就是**「販賣商品或服務」**。行銷的第一步，便是招攬潛在顧客。接著讓他們知道自己的商品或服務，並且將商品買回去。這即是商品的銷售活動＝行銷。

但是，做生意並非只要把商品或服務賣出去就沒事了。絕大多數的行業，除非顧客持續使用、反覆購買商品或服務，否則無法持續獲利。也就是說，賣出商品或服務後，還得繼續進行行銷活動，直到顧客願意持續利用（回購）為止。因此，本書將「行銷」的定義歸納為以下4點：

①招攬潛在顧客

②宣傳商品或服務

③販售商品或服務

④使顧客持續購買商品或服務

而**運用「Facebook」實踐「行銷」活動的行為**，在本書裡就稱為「Facebook行銷」。

02

Facebook行銷的「厲害」之處

相較於一般的行銷活動（例如突擊式銷售），Facebook行銷有以下3種優勢：

①「速報性」
②「擴散性」
③「效率性」

「速報性」是指「能夠立即傳播出去」的意思。Facebook行銷有別於一般的行銷活動，只要有可以上網的手機或電腦，就能按照自己的步調，隨時隨地發布訊息。

此外，在Facebook行銷中發布的資訊還具有**「擴散性」**。當Facebook用戶對你的貼文使用「按讚」、「留言」或「分享」等功能後，資訊便會以「○○說讚」、「○○分享了△△的貼文」這類通知，於該名用戶的朋友之間擴散開來。你的資訊甚至有可能一次就散播給幾百~幾千人以上。而且，這種擴散是透過「朋友」進行的，因此也具有**「資訊容易獲得信任」**的優點。

最後，在基於擴散性的**「效率性」**上，Facebook行銷同樣勝過一般的行銷活動。一般的行銷活動，基本上採取1人對1人（或1間公司）的方式。反觀Facebook，不僅能將資訊「一次傳播」給所有與自己建立關係連結的用戶，還因為具備前述的擴散性，可以讓更多的人看到自己的貼文。另外，鎖定目標發布資訊，能快速吸引到對自己的商品或服務感興趣的用戶，因此比傳統的營業活動更有效率。

03

Facebook行銷是由「4種要素」構成

本節就來一窺「Facebook行銷」的全貌吧！如下一頁的全貌圖所示，Facebook行銷是由**「集客」**、**「教育」**、**「銷售」**、**「維持」**這4種要素構成的。「集客」到「銷售」這段流程越右邊越細小的原因，在於每前進一個階段，**「潛在顧客」**變成**「顧客」**所需的時間就越短，所以用這種方式表現。

之後，到達「銷售」階段的顧客，會於「維持」階段再度增加。只要持續增加購買商品或服務的顧客，**「回頭客候選人」**就會像沙漏裡的沙子那般越積越多。

■Facebook行銷的全貌圖

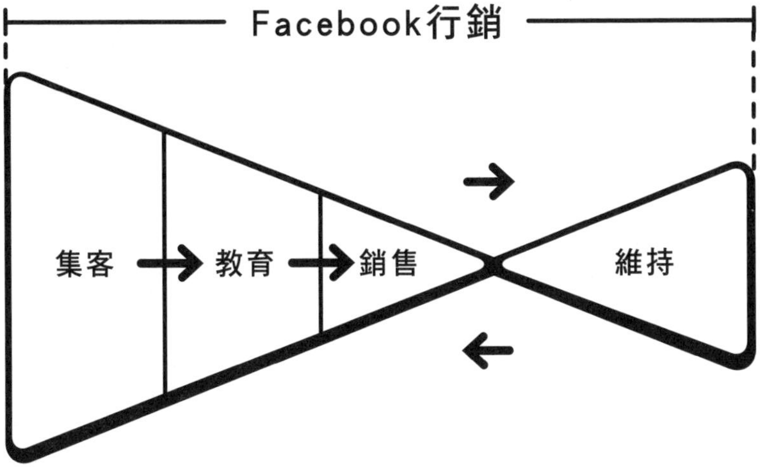

進入「維持」階段的顧客，一旦再次到達「銷售」階段（購買商品或服務），該名顧客就變成**「回頭客」**，之後便會在「維持」和「銷售」之間不斷循環。

本書的內容即是根據這張全貌圖進行編排。稍後我會為大家詳細解說各個階段，請各位先大致記住這張圖。接下來就跟著我按部就班地學習訣竅與觀念，一同實行「Facebook行銷」吧！

04

Facebook行銷「不靠推銷販售商品」

實行Facebook行銷之前，你必須先知道2件事情。第1件事是**「Facebook行銷不靠推銷販售商品」**。本節就來告訴大家，為什麼不能在「行銷」時進行推銷。

在Facebook行銷中，「使用Facebook的人」即是「客戶」。請各位試想一下，這類「使用Facebook的人」為什麼要上臉書的網站。相信大家應該會想到以下這些諸如**「交流」**或**「蒐集資訊」**之類的目的。

・**想知道朋友的近況**

- **希望別人知道自己的近況**
- **想建立新人脈**
- **想取得對自己有益的資訊……等等**

這裡要請大家注意的是，**沒有人是來Facebook「買東西」的**。有些人是想知道大家都在做什麼而瀏覽Facebook，但沒人是為了購買商品才上臉書的。

換句話說，Facebook並不是一個可以推銷兜售自家商品或服務的地方。要是你的宣傳色彩太過強烈，Facebook上的其他用戶反而有可能閃避你、收回讚或是取消追蹤。

因此，本書要教導大家使用Facebook實行「不靠推銷販售商品」的方法。之後我會再詳細解說做法，現在請先記住**「不能在Facebook上推銷」**、**「不要展露出宣傳色彩」**這些基本原則。

05

Facebook行銷是「信賴的累積」

實行Facebook行銷之前，你必須先知道2件事情。第2件事是，**Facebook行銷是「信賴的累積」**。從第23頁的全貌圖即可看出，Facebook行銷是要讓潛在顧客循序漸進地到達銷售商品或服務的階段。各位必須在邁向每個階段的期間，累積潛在顧客對於商品、服務或是你本身的「信賴」。「Facebook行銷」便是藉由這種「信賴的累積」，**營造出無須展露強烈的宣傳色彩，也有辦法銷售商品或服務的狀態**。

這種做法也可以稱為**「品牌化」**。所謂的「品牌化」，就是從顧客的觀點進行思考，提高他們對商品或服務的信賴與共鳴等「顧客心中的價值」的活動。

「Facebook行銷」即是逐步提高「信賴」這項顧客心中的價值，因此確實可以算是「品牌化」。要將潛在顧客變成真正的顧客（＝販售商品或服務）時，這種建立品牌的做法具有非常重要的意義。

不過，「品牌化」沒辦法在短時間內達成。無法實現Facebook行銷的人，大多過於期待短期成果，而把Facebook當成推銷色彩濃烈的宣傳工具運用。所以請不要把目標放在「立即向潛在顧客兜售商品或服務」這種短期成效上，而是**利用Facebook建立長久的信賴關係以獲得顧客**。

06

Facebook行銷使用的是「粉絲專頁」

本節先為各位整理並說明Facebook的2種帳號。一般而言，Facebook以「個人」使用居多。用戶以自己的真實姓名註冊，然後在Facebook上聯繫朋友、家人或工作對象，與他們交流。這種以個人使用為前提建立的帳號就是**「個人帳號」**，亦是Facebook上一切事物的基礎。

除了這種個人帳號外，Facebook還針對想將臉書運用在工作上的人提供商業帳號，也就是所謂的**「粉絲專頁（粉絲團）」**。舉例來說，店家或公司以店名或公司名稱建立粉絲專頁，再由店鋪的從業員或公司的員工共同經營。

另外，像自僱人士這類不隸屬任何組織的工作者，同樣建議使用粉絲專頁。原因在於有了粉絲專頁，**就能接觸到超出個人帳號範圍的用戶，與本來跟自己沒有共同點、素未謀面的人建立關係連結**。個人帳號基本上只能在互有關聯的範圍內進行營業活動，反觀粉絲專頁能夠以不特定多數人為對象。

相信拿起本書的讀者都想將Facebook應用於商業上，因此必然會**使用到粉絲專頁**。

不過，個人帳號也有粉絲專頁沒有的優點。事實上，個人帳號適合用來展現個人特質，取得其他用戶的共鳴。好比說，個人即是商品的職業，例如「全體經營者」、「士業」、「諮詢顧問」、「美容師」、「全身美容師」等，顧客是以個人特質、技術或資格作為選擇依據的行業，就該**積極運用個人帳號**。此外，假如你考慮接洽出版或演講等著重個人能力的工作，同樣也該使用個人帳號。

不過，我不建議各位在這種時候只使用個人帳號。按照目的靈活地運用個人帳號和粉絲專頁，才能將Facebook的效果發揮到最大限度。我本身就是前述的「經營者」、「士業」以及「諮詢顧問」，所以除了粉絲專頁外，我也積極地將個人帳號運用在商業上。結果我不僅接到案子，還獲得了演講與媒體採訪的邀約。

■也該利用個人帳號的行業例子

應該使用 粉絲專頁的行業	也該利用 個人帳號的行業
全部	全體經營者 士業 諮詢顧問 美容師 全身美容師 個人工作室 設計師…… 個人即是商品的職業

■商業帳號（粉絲專頁）範例

■個人帳號範例

07

利用Facebook「集客」招攬潛在顧客

接下來進入Facebook行銷全貌圖的說明。在Facebook行銷中，營業活動主要是透過「貼文」進行的。不過，即便你發布再多的貼文，如果沒人看也是枉然。

開始運用粉絲專頁後，各位馬上就會遇到**「觸及人數」**這個名詞。所謂的「觸及人數」，是指有多少人看到了你的貼文。假如觸及人數很少，不管你發了多少貼文效果都很有限。因此，我們才需要「集客」。**Facebook行銷中的「集客」，指的是增加你與Facebook用戶之間的關聯，例如請他們幫你的粉絲專頁按讚，或是成為個人帳號的「朋友」。**

對粉絲專頁按讚的人稱為**「粉絲」**，透過個人帳號建立關係連結的人稱為

■集客階段解說圖

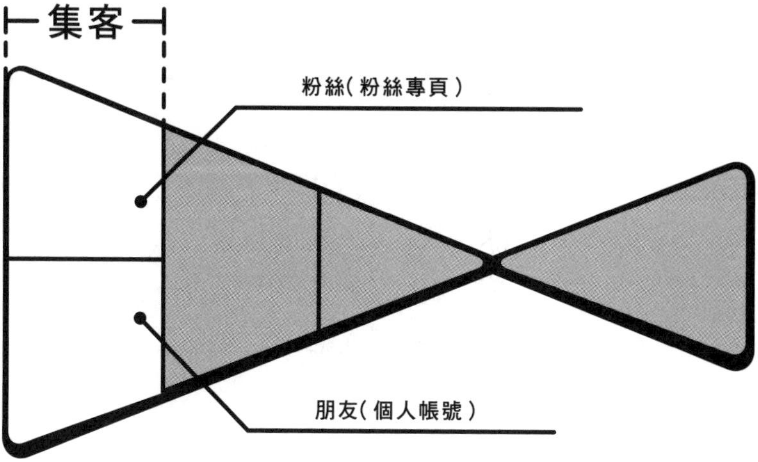

「朋友」。在集客的階段，我們目的就是增加粉絲與朋友。

不過，並不是任何人都可以成為你的粉絲或朋友。**你必須把「有可能購買自家商品或服務的潛在顧客」變成粉絲或朋友才行。**關於這部分，我將在第2章為大家詳細說明「增加粉絲或朋友」的具體辦法。

08 利用Facebook「教育」讓潛在顧客想起你

接著要談的是Facebook行銷的第2階段「教育」。Facebook行銷中的「教育」，其實就是「發文」。**Facebook行銷所說的「教育」，是指每天在Facebook上「發布貼文」，藉此讓潛在顧客得知你的商品、服務或是你這個人的活動。**

在Facebook行銷的「教育」階段，我們的目的是**「使他人於產生需求時想起自己」**。也就是藉由在Facebook上發布貼文，將自家商品或服務的存在與價值，灌輸到尚未產生需求的潛在顧客記憶裡。等到潛在顧客有了需求時，他就會想起你的商品或服務，繼而邁入銷售階段。

■教育階段解說圖

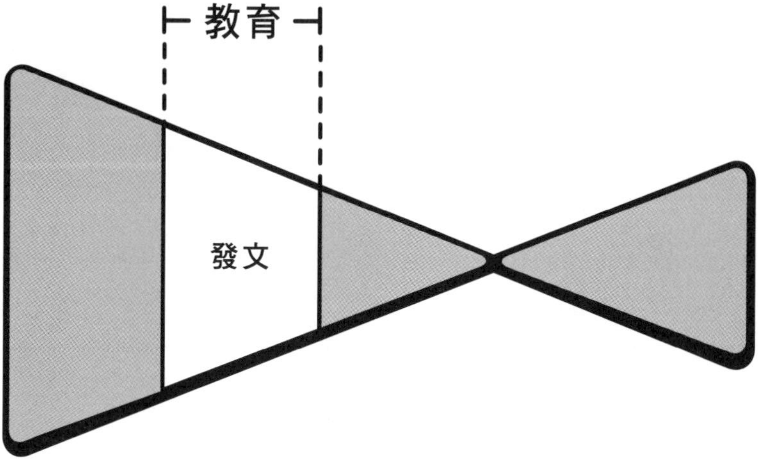

畢竟，只有在你提供的商品或服務符合潛在顧客的需求時，他們才願意購買你的商品或服務。因此，**當潛在顧客產生需求時，最先浮現在他們腦中的公司、店家、商品或服務就贏了（獲選）**。

為了讓潛在顧客於產生需求時，想起自家商品或服務，每天都要發布適切的貼文並持續與潛在顧客交流，而這即是Facebook行銷中的「教育」。

在此介紹2個我經歷過的實際案例：

第1個案例，發生在請我擔任社

群網站諮詢顧問的2家公司之間。A公司經營的是全身美容沙龍，B公司經營的是餐飲店。某天我拜訪A公司時，得知他們要在B公司的餐廳舉辦新進員工歡迎會。

我很訝異自己的客戶竟然互有關聯，詳細詢問後才知道，A公司的老闆曾幫B公司的粉絲專頁按讚，並且還會**定期上Facebook瀏覽資訊**。後來，到了得找歡迎會的場地時，在多如繁星的餐飲店當中，A公司的老闆**最先想到B公司的餐廳，於是就決定預約了**。這種在產生需求時想起該公司而促成銷售的情況，簡直就是Facebook行銷的標準流程「集客→教育→銷售」的最佳寫照。

第2個是發生在我身上的實例。我從事的「士業」，是一種經常會有不同領域的士業人士（舉行政書士為例，其他士業就是指稅理士或社勞士※等等）幫忙介紹案子的行業。因此，我都是利用網站或粉絲專頁直接跟客戶接洽工作，至於個人帳號則用來與其他士業人士保持聯繫，**所以我都會每天發布貼文以獲得其他士業人士的介紹**。

某天，我的臉友——大阪的某位稅理士，到神戶拜訪客戶「C建設公司」時，該公司的老闆拜託他「更新建築執照」。「更新建築執照」是行政書士的工作，於是這時便產生了「行政書士」這項需求。而「神戶」、「行政書士」這2個關鍵字，讓那位稅理士最先想到我，於是最後我便接下這個案子了。

以上2個事例，都是典型的「在產生需求時想起來」，最後促成銷售的例子。這並不是偶然，只要你了解Facebook的機制，並持續發布適切的貼文，便能像這樣有策略地獲得工作。

※ 稅理士或社勞士：稅理士即稅務代理人，負責代為處理稅務相關事宜，並提供諮詢服務；社勞士為社會保險勞務士之簡稱，負責代為處理有關勞動與社會保險法令的文件，此外也提供企業有關勞務管理與社會保險的諮詢、指導服務，兩者皆為日本特有職業。

09

在Facebook「銷售」上採取迂迴策略

上一節談到教育至銷售的流程，並介紹了2個實例。事實上，前面的「集客」與「教育」階段，可說是用來將潛在顧客順利導向「銷售」的準備階段。現在請各位看一下第39頁的解說圖。「銷售」階段分成了前端商品和後端商品。「前端商品」是指價格較低的商品，亦是促使顧客購買「後端商品」的「入門商品」或「試用商品」。**假如說後端商品是「想賣的東西」，前端商品便可定義為「用來銷售欲賣商品的東西」**。

舉例來說，大多數的餐飲店都會將「午餐」的價格訂得較低。所以，我們可以將午餐視為用來銷售「晚餐」這項後端商品的前端商品。也就是中午提供親民

■銷售階段解說圖

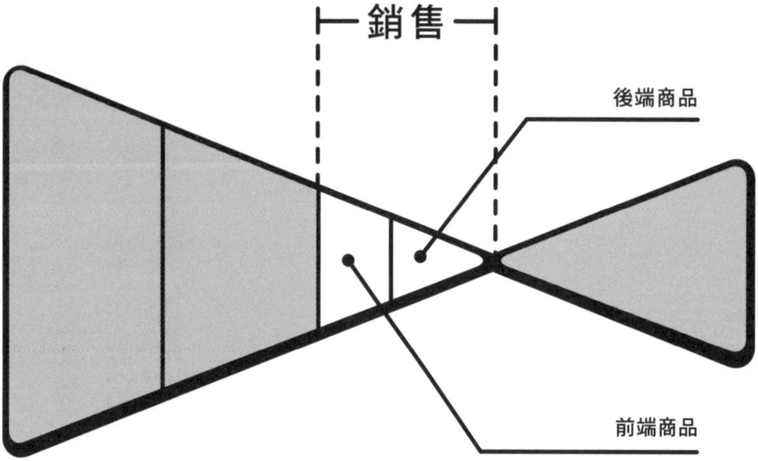

的價格讓顧客體驗餐廳的氣氛，好讓顧客將餐廳列入晚餐的候選名單中。

另外，販賣洗髮精的公司，透過藥妝店免費發送單次分量的試用品，同樣可說是把整瓶洗髮精設定為後端商品，試用品則是促銷用的前端商品；美容院的首次來店折扣優惠，也可視為吸引顧客日後繼續上門消費（後端商品）的前端商品。

我從事的士業或諮詢顧問這一行，通常會先舉辦「免費諮詢會」或「講座」作為前端商品，讓顧客了解商品也就是我自己，以便銷售「士業業務」或「顧問服務」這些後端商品。

由於Facebook用戶並不是為了購物才上臉書網站，與其一開始就銷售高價的後端商品，不如先努力引導顧客購買低價的前端商品，**等雙方建立關係後再介紹後端商品**，這樣反而能帶來更豐碩的成果。乍看之下或許像在繞遠路，不過這種方法的成交率很高，還能給接下來的「維持」階段帶來良好的影響。

■前端商品與後端商品的範例

業種	前端商品	後端商品
飲食	午餐	晚餐
美容	首次來店折扣	變成常客
零售	特賣會	變成常客
士業	免費諮詢	士業業務
諮詢顧問	講座	簽約

■前端商品與後端商品的比較

	前端商品	後端商品
定義	以建立關係為目的的 入門商品	以獲取利潤為目的的 商品或服務
對象	潛在顧客	購買前端商品的 顧客
價格	便宜或免費	昂貴或便宜 但可持續獲利

10 利用Facebook「維持」獲得回頭客

本節要解說的是，Facebook行銷的最後階段「維持」。商品與服務，並**不是「賣出去就沒事了」**。無論何種行業，若要穩定業績、獲得利潤，就得讓顧客反覆購買或是成為常客。此外，讓買過商品或服務的顧客再度購買（成為回頭客），所花的時間與金錢等成本往往會比獲得新顧客來得少。

Facebook行銷中的「維持」，即是持續在Facebook上發文維繫關係，使顧客能一直記得自家商品或服務，等到有需求時顧客就會回購。

在此補充一下，上一節文末提到「前端商品也能為『維持』帶來良好的影

■維持階段解說圖

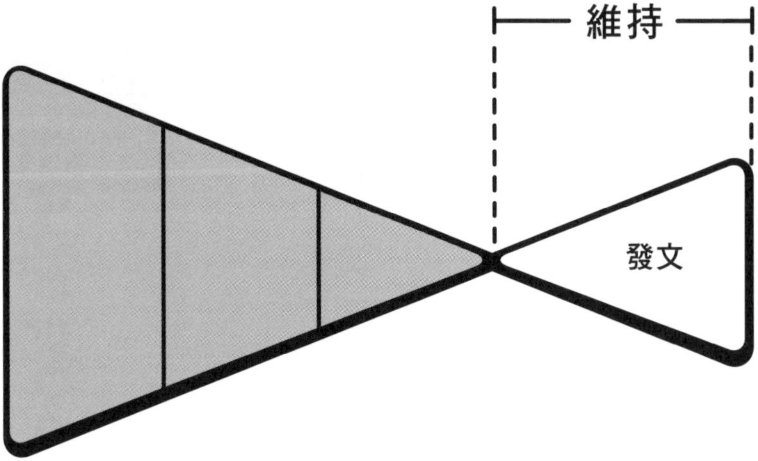

響」，這是因為購買前端商品的次數，亦即與顧客接觸的次數越多，越能提高進入「維持」階段後的回購率。藉由前端商品跟顧客長久「往來」，會比一開始就販售後端商品，更能培養出顧客對自家商品或服務的信賴感，並且有助於維持日後的關係。

11 掌握Facebook行銷的「流程」

Facebook行銷的全貌已大致說明完畢了，各位覺得如何呢？在目前的階段，只要先具備「依照前述的流程運用Facebook獲得顧客」這個整體印象就沒問題了。下一章起，我將為大家講解具體的做法。

若要落實Facebook行銷，首先得從「集客」下手。不過，**如果你沒有設定「關於」裡的資料或大頭貼照，要集客就不容易了吧**？不曉得你是誰的話，沒有人會成為你的粉絲或朋友。因此，第2章將解說如何設定「關於」的資料與個人檔案等Facebook行銷的事前準備。

做好Facebook行銷的事前準備後，第3章便進入集客的階段。這個章節會先分析「要賣給誰什麼樣的商品」，接著講解具體的集客方法。

在集客階段招攬到潛在顧客後，就要進入「教育→銷售→維持」的階段，亦即使潛在顧客成為真正的顧客，並且持續回購。而第4章與第5章要談的就是，會給這3個階段帶來影響，同時也是本書主軸的「貼文」。

如同前述，Facebook行銷是利用貼文進行「教育」，將你的商品或服務灌輸到潛在顧客的腦中，使他們在有需求時想起你繼而促成「銷售」，而**「貼文」正是核心部分不可缺少的要素**。在第4章與第5章中，我會為大家解說「貼文」的訣竅，同時穿插介紹小技巧與實例。

第6章要談的是，Facebook貼文的應用篇**「活動」**。這裡說的活動，並不單指各位所想的那種大型活動。像店內天天都有的促銷活動或特賣會、季節限定商品或期間限定菜色、講座或學習會、才藝班或補習班的體驗課程等等，全都屬於活動的一種。**這個「活動」，特別適合當成前端商品（用來銷售欲賣商品的東西）加以運用。**第6章是第4章與第5章學到的貼文應用篇，我將為大家講解如何販售當成前端商品的活動。

第7章要談的是**「Facebook廣告」**。Facebook廣告通常用於最初的「集客」階段以增加粉絲，不過我認為先對Facebook有一定程度的了解再談廣告比較恰當，所以把這個部分放在第7章。

最後的第8章，是以Facebook為主軸，比較**「其他社群網站」**的優劣，並分析能否與Facebook產生加乘效果。

本書即是透過上述這8個章節，協助各位實行Facebook行銷。那麼接下來，就讓我們一同朝著實踐Facebook行銷的目標前進吧！

CHAPTER

02

為Facebook行銷做「準備」

12

Facebook行銷也需要「名片」

本章要進行Facebook行銷的事前準備——充實**「關於」**的資料。在Facebook行銷的4個階段當中，「集客」相當於入口。不過，要是辛苦招攬到的潛在顧客不曉得你的店是什麼店、你是什麼樣的人，那就失去集客的意義了。如果沒有清楚公開「這是間什麼公司」、「自己是什麼人」、「店面位在哪裡」、「提供什麼服務」等資訊，別說是「銷售」了，你甚至無法踏進Facebook行銷的入口進行「集客」。**「關於」即是給你的粉絲專頁或個人帳號訪客看的名片。**

粉絲專頁的「關於」，可以設定公司的地址與地圖、成立日期、電話號碼、網站等資訊。個人帳號的「關於」，則可設定出生地、居住地、學歷、職業、出

■粉絲專頁的「關於」

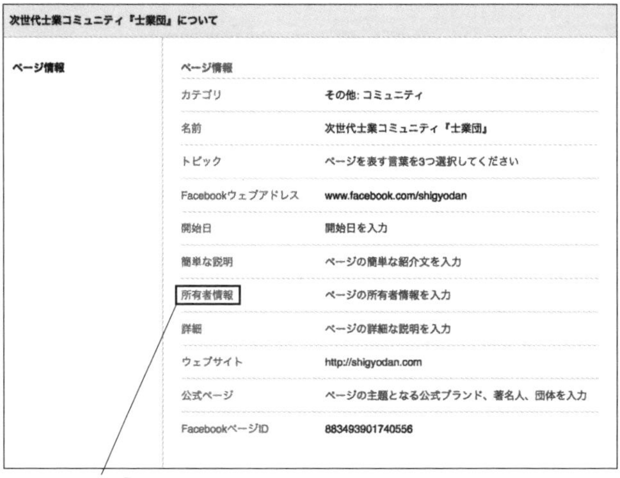
次世代士業コミュニティ『士業団』について
ページ情報
ページ情報
カテゴリ
その他: コミュニティ
名前
次世代士業コミュニティ『士業団』
トピック
ページを表す言葉を3つ選択してください
Facebookウェブアドレス
www.facebook.com/shigyodan
開始日
開始日を入力
簡単な説明
ページの簡単な紹介文を入力
所有者情報
ページの所有者情報を入力
詳細
ページの詳細な説明を入力
ウェブサイト
http://shigyodan.com
公式ページ
ページの主題となる公式ブランド、著名人、団体を入力
FacebookページID
883493901740556

即中文版的「版本資訊」

生年月日、網站等資訊。

本章的解說重點，就放在撰寫「關於」中的**「自我介紹文」**上。其實「關於」裡並沒有「自我介紹文」這個欄位，假如是粉絲專頁，建議放在「版本資訊」欄位；假如是個人帳號，建議放在「你的相關資料」中的「關於你」欄位。撰寫自我介紹文，亦是**一個盤點自己的好機會**，因此非常建議大家完成這個步驟。

如果是個人帳號，只要寫好你自己的自我介紹文並儲存變更就沒問題了。假如是運用粉絲專頁的企業或店家，畢竟公司同樣是人聚集而成的

■個人帳號的「關於」

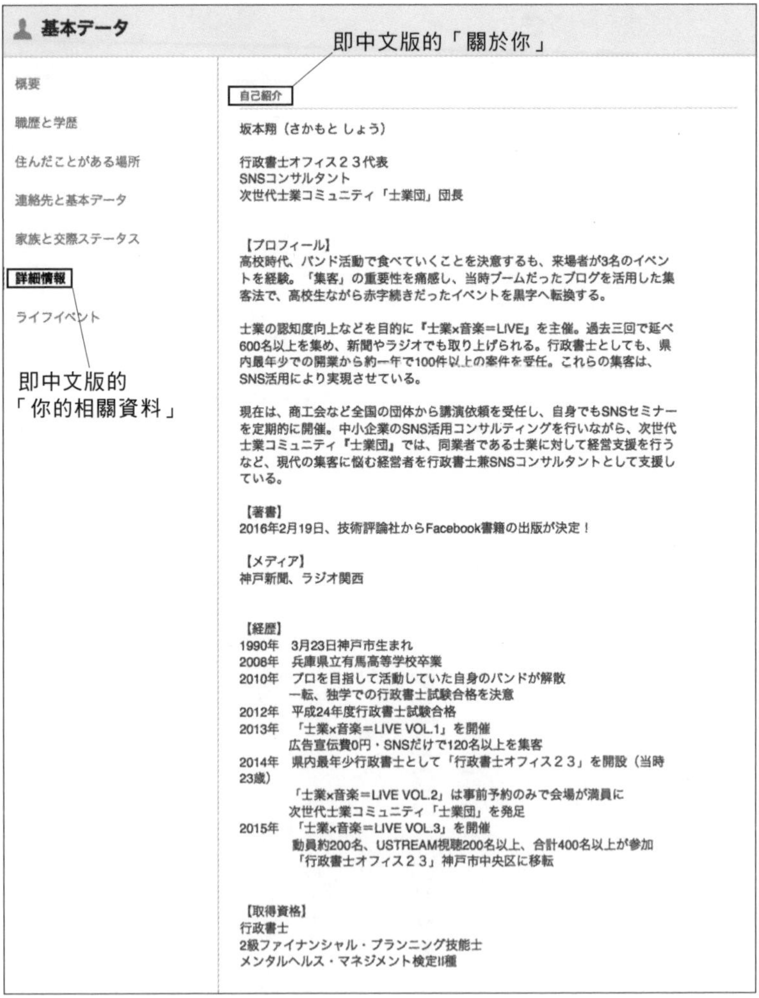

基本データ
即中文版的「關於你」
概要
職歴と学歴
住んだことがある場所
連絡先と基本データ
家族と交際ステータス
詳細情報
ライフイベント
即中文版的
「你的相關資料」
自己紹介

坂本翔（さかもと しょう）

行政書士オフィス２３代表
SNSコンサルタント
次世代士業コミュニティ「士業団」団長

【プロフィール】
高校時代、バンド活動で食べていくことを決意するも、来場者が3名のイベントを経験。「集客」の重要性を痛感し、当時ブームだったブログを活用した集客法で、高校生ながら赤字続きだったイベントを黒字へ転換する。

士業の認知度向上などを目的に『士業×音楽＝LIVE』を主催。過去三回で延べ600名以上を集め、新聞やラジオでも取り上げられる。行政書士としても、県内最年少での開業から約一年で100件以上の案件を受任。これらの集客は、SNS活用により実現させている。

現在は、商工会など全国の団体から講演依頼を受任し、自身でもSNSセミナーを定期的に開催。中小企業のSNS活用コンサルティングを行いながら、次世代士業コミュニティ『士業団』では、同業者である士業に対して経営支援を行うなど、現代の集客に悩む経営者を行政書士兼SNSコンサルタントとして支援している。

【著書】
2016年2月19日、技術評論社からFacebook書籍の出版が決定！

【メディア】
神戸新聞、ラジオ関西

【経歴】
1990年　3月23日神戸市生まれ
2008年　兵庫県立有馬高等学校卒業
2010年　プロを目指して活動していた自身のバンドが解散
　　　　一転、独学での行政書士試験合格を決意
2012年　平成24年度行政書士試験合格
2013年　「士業×音楽＝LIVE VOL.1」を開催
　　　　広告宣伝費0円・SNSだけで120名以上を集客
2014年　県内最年少行政書士として「行政書士オフィス２３」を開設（当時23歳）
　　　　「士業×音楽＝LIVE VOL.2」は事前予約のみで会場が満員に
　　　　次世代士業コミュニティ「士業団」を発足
2015年　「士業×音楽＝LIVE VOL.3」を開催
　　　　動員約200名、USTREAM視聴200名以上、合計400名以上が参加
　　　　「行政書士オフィス２３」神戸市中央区に移転

【取得資格】
行政書士
2級ファイナンシャル・プランニング技能士
メンタルヘルス・マネジメント検定II種

團體，請將之視為可以展現個人特質的機會，撰寫出每一個人的自我介紹文。因此，我希望各位能以撰寫個人的自我介紹文為前提，閱讀接下來的說明。

13

個人檔案「被看見的機會意外地大」

自我介紹文是種非常厲害的工具，其影響層面以Facebook行銷的「集客」階段為主。我本身也有過好幾次因自我介紹文發揮成效，而受邀擔任講座講師、社群網站諮詢顧問，或是接到行政書士的工作等經驗。之前請我協助撰寫自我介紹文的客戶當中，也有人只是公開自我介紹文，就有許多顧客以此為話題主動找他們攀談，或是提高了回購率。

自從開始用心撰寫自我介紹文後我便深刻感受到，**他人看見自我介紹文的機會遠比自己想像的還大**。在商業交流頻繁的Facebook上，想委託工作的人很可能會查看對方的「關於」資料，收到交友邀請時也可能會利用自我介紹文判斷對方是個什麼樣的人物，活動的主辦人亦有可能查看參加者的個人資料。

即便不是個人用戶而是店家或公司也一樣，如果粉絲專頁看得到店面的地址和營業時間，並可透過自我介紹文得知經營者是個什麼樣的人物、工作人員都是些什麼樣的人，客人就能更放心地上門光顧。如同上述，「自我介紹文」在Facebook中占了非常重要的地位。

此時撰寫的自我介紹文，不只能放在Facebook上，也可以運用於各種網路媒體，例如放在官方網站的「工作人員介紹」頁面，或是放在其他社群網站的個人檔案欄位。除此之外，還能夠刊登在名片或廣告傳單上，於現實世界自我介紹時也可以派上用場。事不宜遲，現在就來撰寫用途廣泛的自我介紹文吧！

14

先販售「前端商品」

本節要談的是該朝著什麼方向，撰寫出什麼樣的自我介紹文。恕我冒昧，**請問各位「想賣的東西」是什麼呢**？換言之，你的「後端商品（參照第38頁）」是什麼呢？撰寫自我介紹文之前，必須先回答這個問題，請各位仔細想一想。

引第1章舉過的例子來說，販售午餐和晚餐的餐飲店「想賣的東西」是「午餐」嗎？我從事的行業（士業與諮詢顧問），經常舉辦傳授自身祕訣的「講座」，而講座的報名費一般行情為3000日圓～5000日圓左右，也有人免費舉辦。在這種情況下，「講座」會是「想賣的東西」嗎？

不消說，**答案當然是NO**。餐飲店想賣的東西（後端商品）不是午餐，而是**「晚餐」**；士業或諮詢顧問想賣的東西不是講座，而是**「顧問服務」**。不過，後端商品對企業或店家而言是「能帶來利潤的東西」，因此單價通常會比前端商品還高。常有餐廳的晚餐定價高出午餐2倍以上，有些顧問服務的費用更是高出講座報名費的10倍以上。

我想說的是，**後端商品「很難賣」**。所以，餐廳才要先提供便宜的午餐讓顧客對這間店產生興趣，好吸引他們來吃晚餐；諮詢顧問先讓顧客參加講座認識自己，好吸引他們跟自己簽約。

言歸正傳，即使你在自我介紹文中一味強調後端商品，畢竟這東西本來就很難賣，單靠自我介紹文是很難將顧客引導至銷售階段的。這種時候，你就要祭出如午餐或講座這類「前端商品」。**先寫出能引導顧客購買低價前端商品的自我介紹文**，可以說是較為理想的做法。

■前端商品與後端商品

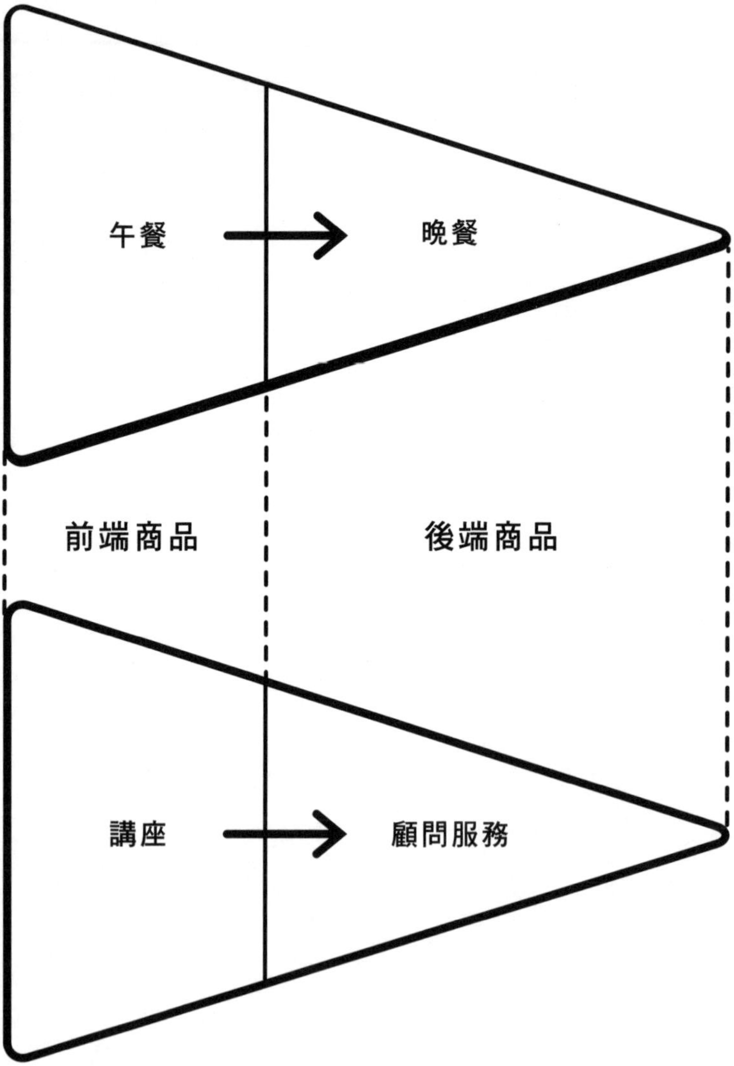

再舉前述的例子示範：

- **要販售晚餐，就先撰寫出可引導顧客購買午餐的自我介紹文**
- **要販售顧問服務，就先撰寫出可引導顧客參加講座的自我介紹文**

就是這樣。希望大家先了解這項原則，再接著撰寫自我介紹文。

15

在自我介紹中披露「實績」促進銷售

那麼實際上，「販售前端商品的自我介紹文」要怎麼寫呢？重點就是以下這3項：

- **不著痕跡地提到「後端商品」**
- **宣傳「前端商品」的存在**
- **客觀展示你能販售「前端商品」的依據或實績**

接下來，我就拿撰寫本書當時我個人的自我介紹文（參照下一頁）為大家說明。

高中時決定要靠樂團吃飯，卻曾面臨只有 3 名觀眾到場觀看表演的窘況。因這個經驗而深感「集客」的重要性後，就學期間便嘗試運用當時流行的部落格招攬觀眾，最後成功令樂團活動「轉虧為盈」。

為了提高士業的認知度而主辦「士業 × 音樂 = LIVE」，過去 3 場表演共吸引了逾 600 人次參加，還曾登上報紙和廣播節目的專訪。身為縣內最年輕的行政書士，開業後 1 年之內接到的案子超過 100 件。這些客源，全是運用社群網站招攬而來。

現在除了接受商工會等日本各地團體的邀約舉辦演講，個人也會定期開辦社群網站講座。此外，還提供中小企業社群網站的運用諮詢服務，並在次世代士業社群「士業團」中，支援同行的士業人士經營業務。目前正以行政書士兼社群網站諮詢顧問的身分，協助為現代的集客問題煩惱的經營者。

在我的自我介紹文中，相當於後端商品的是「社群網站諮詢顧問服務」。雖然文中也提到了「士業×音樂＝LIVE」、「士業團」、「行政書士」等我的其他事業，不過這些都不是後端商品，而是展示給他人看的一部分可販售前端商品的依據與實績。

如同前述，一開始就販賣有利可圖且單價較高的後端商品難度頗高，所以要先販售作為入門商品的前端商品。以我來說，我的前端商品就是指導中小企業或個人事業的經營者，如何使用社群網站行銷的「講座」。不過，即便我希望他們來參加講座，也不能在自我介紹文中直接寫明「請來參加講座」；況且就算寫了，顧客不感興趣的話依舊沒人會來參加。

若想解決這個問題，最簡單且最有效的辦法就是**「披露足以舉辦講座的實績」**。在上一頁的自我介紹中，我使用「逾600人次」與「超過100件」等數據，以披露自己足以舉辦講座的實績。另外，還要像我的自我介紹文那般，**以客觀的角度陳述這些資訊**，使文章看起來就像別人寫的一樣，這些同樣是很重要的一點。

如此一來，潛在顧客在看到這些依據與實績後，便能夠放心地繼續購買前端商品。

16

自我介紹要用「數字」加深印象

上一節我以自己的自我介紹文為例進行說明，文中**使用「數據」披露可販售前端商品的依據和實績**。要寫出能夠招攬客源的自我介紹文，活用數字可說是重要的技巧之一。相較於只有國字的文章，**添加了數字的文章給人的視覺印象更加強烈，更容易讓讀者記住**。若要讓讀者的印象更加深刻，就得有效運用「數字」這項武器（英文字母的效果也很不錯）。

「帶給讀者視覺印象」這種感覺很重要，撰寫要發在Facebook上的文章時也是如此。數字具有輕易就能為文章製造印象的力量，所以**可以寫成數字的部分就用數字表達**吧！

舉從事士業與諮詢顧問的我為例，在寫到「能夠舉辦講座的依據與實績」時我就會使用數字。假如是前述的餐飲店，則可以寫出「能夠便宜販售美味午餐的原因」，然後試著在文中加入數字。好比說：「食材是從栽種超過20種蔬菜與水果的自有農場直送過來（便宜的依據），因此可在採收後3小時內烹調（美味的依據）。」請大家好好想一想自我介紹文的內容，可以用數字表現的部分就使用數字。

無法立即將自己的實績或可販售前端商品的依據轉換成數據的人，請先給自己一些思考時間，試著盤點自己。邊想邊寫在紙上，視覺化之後應該會比較容易釐清思緒。

17 自我介紹以「400字內」為佳

另一個跟數字有關的注意事項，就是自我介紹文的字數。想當然，我們不能想寫什麼就寫什麼，最後寫出一篇冗長的自我介紹文，寫文章時必須考量到讀者的感受。個人建議字數要控制在**「400字以內」**，篇幅最好別超過1張普通的稿紙。

或許會有不少人覺得字數意外地少，請各位想一想使用自我介紹文的場合。一般而言，自我介紹文主要刊登在Facebook之類的社群網站或官方網站的個人檔案欄、廣告傳單或型錄裡的個人檔案、名片的背面等地方。就空間來說，絕大多數的地方都無法刊登長篇文章。

請你**別管字數先寫個大概，之後再刪減不要的段落**，慢慢調整字數。

偶爾也有客戶反過來問我：「自我介紹文最少要寫幾個字？」看了許多人的自我介紹文後，我認為字數**最少要有「200個字」**。畢竟是用來展現自己的自我介紹文，要是只有短短一、兩行看起來不太體面；再說這是能夠自由表現自己的寶貴機會，只用簡短的文章介紹自己未免太可惜了。所以，請各位記得字數最少要超過200個字。不過，只要你把自我介紹文當成「文章」來寫，而不是單純地羅列實績，相信你自然而然就能寫超過200個字，總之先寫寫看吧！

結論就是，**自我介紹文的字數要控制在「200字～400字」以內**。

18 利用「反差」加深讀者的記憶

如果不能讓潛在顧客記住自己，當他有需求時就不會想起自己，從而無法促成銷售，這點無論何種職業都一樣。要讓潛在顧客記住自己，其中一個方法就是利用「反差」。

剛剛我要大家試著盤點自己，不曉得有無讀者從中發掘出**「外貌與職業的反差」**或**「經歷與職業的反差」**？

像「周遭都說他長得很可怕的男性其實是甜點師傅」的情況就屬於前者，**當自己的外貌與大眾對該職業的印象有所落差時，就應該善用這個反差**。這種時候，只要在Facebook的職業欄填入職業名稱，並上傳可分辨自己長相的照片作為大頭貼照，就能製造出一個令人印象深刻的反差。

至於我這種「樂手當上行政書士」的情況則屬於後者。其實，我之前就是用**「平成出生的樂手行政書士」**這句廣告標語作為部落格的名稱。在現實世界中，我也曾以「年紀輕輕就自立門戶，而且還從事音樂活動的行政書士」這個身分接受媒體的採訪。有這種反差的人，除了自我介紹文之外，建議你也在網站或名片加上自己的廣告標語，這麼做能使人印象深刻，更容易記住你。

這2種反差都沒有的人，請不要硬擠出來（因為內容不能造假）。下一節就為大家介紹，人人都可利用的第3種「反差」。

19

利用敘述的落差營造「故事性」

第3種反差就是**「因敘述的落差而產生的反差」**。假如是這種「因敘述的落差而產生的反差」，任何人只要花點心思都可以製造出讓人印象深刻的反差。舉我撰寫本書當時的自我介紹文為例，文章一開始寫道「以前只招攬到3名觀眾」，之後又提到「主辦的活動吸引了逾600人次參加」。這2段敘述之間的落差（反差），即可帶給他人深刻的印象（參照下一頁的示意圖）。

撰寫自我介紹文時，**不要只展現出光彩的一面；假如一開始就提起獲得實績之前的甘苦談**，不僅能引起讀者注意，還能製造出本節解說的「因敘述的落差而產生的反差」，收到一石二鳥之效。

■「因敘述的落差而產生的反差」示意圖
（我的情況）

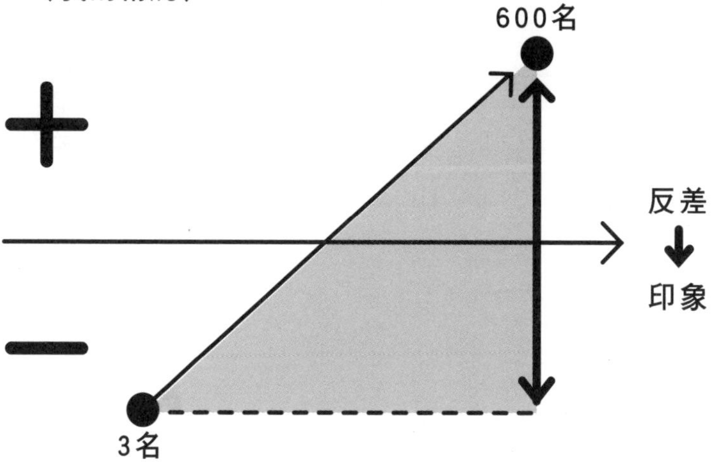

對目前從事社群網站集客諮詢及代客操作的我而言，只招攬到3名觀眾的經驗可說是不想讓人知道的往事，但刻意披露出來的話，讀者便會覺得「他一定吃了不少苦才走到現在這一步吧？」、「他是如何讓自己進步到能夠招攬到600人呢？」繼而產生興趣，**暴露出「起初自己也辦不到」這項弱點同樣能獲得共鳴**。

再舉另一個「因敘述的落差而產生的反差」的例子，主角是之前請我協助撰寫自我介紹文的客戶。這位客戶目前是店內指名客最多、業績最好的美髮師，不過以前當學徒時，他比同梯的還晚達到能幫客人剪頭髮的水準。他也跟我一樣，在自我介紹文中加入擁有成就之前的甘苦談。

這位客戶的自我介紹文，同樣是一開始先寫「學徒時代，剪髮技術比同梯的還晚達到能出師的水準……」，之後又提到「……如今成為店內最紅的造型師，為○○（店名）效力」。

這種「因敘述的落差而產生的反差」也可以稱為**「故事性」**。假如少年漫畫的主角輕輕鬆鬆打倒一個又一個敵人，這種故事會有趣嗎？通常漫畫都會安排夥伴在打倒敵人的過程中戰死，或是主角為了打贏對手而修行之類的橋段，**正因為故事裡存在這種起伏轉折（反差），讀者才會產生共鳴，覺得故事很有趣**。雖然自我介紹文無法像漫畫那般寫成一篇長文，我們仍舊可以營造出相同的狀態。請善加運用可讓潛在顧客記住你的「反差」，撰寫出令人印象深刻的自我介紹文。

■「因敘述的落差而產生的反差」示意圖
（客戶的情況）

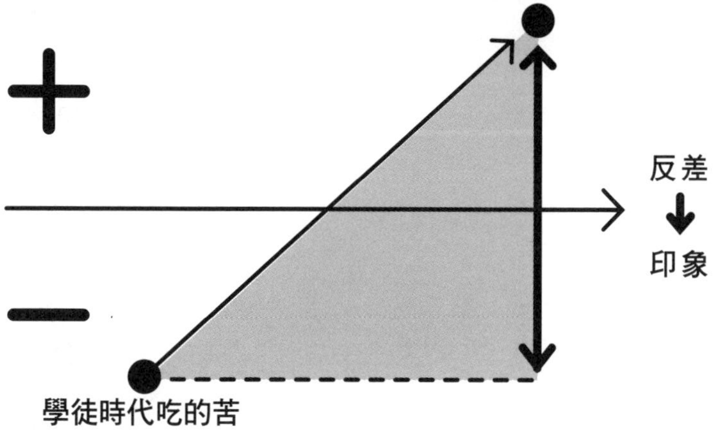

順帶一提，你可以每達成一項實績就更新自我介紹文的內容。像我每年至少會重新檢查2次。請各位一定要記得**時時保持最新的狀態**喔！

20

利用補充資料設置「讓人記在心裡的因素」

先幫各位簡單整理一下前幾節的內容：若想寫出可販售前端商品的自我介紹文，就要在200字～400字左右的篇幅內，運用數據披露你的依據、實績以及能販售前端商品的原因，並留意故事性，在文章中製造反差以帶給他人深刻的印象。

本節要談的是，可以用來**補充自我介紹文的資料**。像「經歷」、「取得資格」、「理念」、「目標」、「其他社群網站的連結（帳號一覽）」等等，都可以用來補充自我介紹文。

其實，把「其他社群網站的連結」以外的資訊，通通寫進自我介紹文裡是最為自然的做法，但有時也會發生因文理或字數的關係而無法寫進文章中的情況。這種時候，你可以另外設置【經歷】、【取得資格】之類的**項目補充說明**。請各位參考一下我的個人檔案欄（https://www.facebook.com/sho.sakamoto.323「關於」→「詳細資料」→「關於坂本翔」），我在自我介紹文的下方列出了【經歷】與【取得資格】等資料。

之所以要列出這些資料，是因為我們不曉得商品或服務會在什麼樣的機緣下售出。像我之前就曾因為「跟客戶念同一間學校」而接到工作。當時我深刻體認到，自己不會知道客人是受到哪一點吸引才把自己記在心裡。**盡量多設置一些能讓潛在顧客記在心裡的因素**，同樣是編輯個人檔案時的重點之一。在網路上，你必須主動以文章表達想傳遞的事物，要不然對方是不會明白的。希望各位在實行Facebook行銷時也要注意這一點。

21

「一定要公開」自己的長相

有關個人檔案的概略說明已在上一節告一個段落。接下來要講解的是，在Facebook之類的社群網站中占了重要地位的**「大頭貼照」**。大頭貼照是種可用一張照片表現自己的重要工具，最常在動態消息（用來顯示已加入的粉絲團貼文或朋友貼文的地方）上被其他用戶看到。因此別只是單純上傳「自己喜歡的照片」，應該要充分考慮之後再放上照片。

首先，**請你做好公開長相的心理準備**，這是選擇照片的大前提。各位不妨換位思考一下，如果要你跟不曉得長什麼樣子的人買東西、付錢給對方，難道不會擔心害怕嗎？Facebook行銷即是在集客、教育到銷售的這段過程中，一點一點累積顧客的信賴度。別因為「未公開長相」這種可以立刻解決的問題而造成自己的損失。

另外，非個人用戶的企業或店家，粉絲專頁通常會用公司名稱或店名來命名，運用方式也跟個人帳號不同，因此大多是以公司的Logo或店鋪的外景作為大頭貼照。這種情況下，如果能在平日的貼文或封面照片中，公開代表人與工作人員的長相就沒問題了。**公開長相可以營造出人的氣息，因此能給冷冰冰的網路世界增添暖意，繼而帶給Facebook行銷很大的影響。**

我在第1章說過，對個人即是商品的職業或企業的代表人而言，個人帳號的地位與粉絲專頁同等重要。倘若你是這一類人士，更要公開自己的長相。

22

利用照片表現「自己的個性」

做好公開長相的心理準備後，接著來談談要上傳什麼樣的照片。個人建議**盡量使用讓人印象深刻的照片**。給人多深的印象比較恰當則視職業而定，這部分只能請各位自行判斷了。我現在的大頭貼照，便是使用著重**「西裝＋行政書士徽章＋電貝斯＋室外」**這種印象的照片（請看放在下一節的照片）。我想同行當中，應該沒人跟我一樣在名片或社群網站上使用這樣的照片。從「令對方印象深刻」的角度來看，這種**「做別人沒做過的事」**的感覺同樣非常重要。

接下來要說明的是大頭貼照的拍攝重點（畢竟這是會給多數人看到的重要照片，個人建議最好找專業攝影師拍攝）。第1個重點是，在照片中加入幾個**除了**

臉以外能夠辨認出「自己」的要素。舉我自己為例，「行政書士徽章」和「電貝斯」就屬於這類要素。假如是喜歡花草植物的美髮師，可以用大量的花或植物當背景，並且拿著髮剪之類的工作用具拍照，這樣的照片就能給人不錯的印象。

希望大家都能像上述這樣，利用照片表現自己的個性或職業特色。可能有不少人很排斥在特殊的情境下拍照，但是若缺少這種會令你抗拒的印象，就無法在天天都有大量資訊流通的網路世界中讓人記住你。畢竟目前這麼做的人並不多，我認為這是個行銷自己的好機會。

23

拍照要留意「服裝和背景的顏色」

大頭貼照的第2個拍攝重點是，**要留意顏色給人的印象，必須讓他人能夠藉著「服裝的顏色」和「背景的顏色」辨認出自己**。Facebook之類的社群網站顯示出來的大頭貼照尺寸很小。用戶的動態消息上，每天都會出現好幾百名朋友的貼文。這種時候，用戶會先看文章的附圖，接著再透過左上方小小的大頭貼照查看發文者是誰，然後在這個瞬間決定要不要閱讀這篇文章。尤其使用智慧型手機瀏覽時，照片尺寸小到連長相都看不清楚，所以只能憑顯示出來的用戶名稱，以及**照片的色調來判斷那個人是誰**。膚色和髮色能改變的程度有限，因此我們就用服裝和背景設定自己的代表色，使顏色也帶有自己的印象。

拍照時只要留意上一節和本節這2個重點，就能拍出與眾不同、專屬於自己的大頭貼照。此外，**請避免頻繁更換已經設定好的照片**。大頭貼照要持續使用才會展現出它的效果。

有關個人檔案的部分已經解說完畢了。要讓潛在顧客認識自己、記住自己，設定自我介紹文與大頭貼照等個人檔案，就跟每天發文一樣重要。請各位務必充實自己的個人檔案。

那麼下一章起，我們就以個人檔案已設定完畢為前提，正式進入Facebook行銷的說明。

■我的大頭貼照

COLUMN

重新檢視自己的機會

「貼文」是Facebook行銷的核心，在本書中也占了許多篇幅。不過，即便你發布的貼文再多，**如果不能讓他人先對你產生興趣，那些粉絲或朋友根本不會去看貼文裡的資訊。**

要讓他人對自己產生興趣，利用貼文表現自己固然重要，不過在那之前還需要先充實「個人檔案」，也就是第2章介紹的「自我介紹文」與「大頭貼照」。

設定自我介紹文與大頭貼照，不但能像第2章提到的那般收到「直接帶來工作」這項成效，當你充實完個人檔案後，應該也會感覺到交友邀請、追蹤、粉絲專頁的按讚數立刻變多了。

請我擔任社群網站諮詢顧問的客戶常說：**「構思自我介紹文與大頭貼照，是個促使我重新檢視自己與自身事業的好機會。」**

希望各位在進入Facebook行銷的詳細解說之前，務必好好地構思個人檔案。

CHAPTER

03

Facebook行銷中招攬「潛在顧客」的方法

24

把潛在顧客變成「粉絲」與「朋友」

假如你已在上一章設定好個人帳號或粉絲專頁的「關於」資料，接下來終於可以展開「Facebook行銷」了。本章要談的就是，Facebook行銷的第1個階段**「集客」**。在Facebook上，無論你發了多少貼文，亦即進行營業活動，只要沒人看就不會有任何成效。而且「願意看的人」，也就是「潛在顧客」，並非無須招攬就會自己跑來，如果我們不積極主動地接觸他們，潛在顧客就不會增加。

粉絲專頁的「潛在顧客」，指的是第32頁提到的「粉絲」。幫粉絲專頁按讚的人，會成為這個專頁的粉絲。從此之後，粉絲專頁發布的內容，就會顯示在粉絲的動態消息上。

至於個人帳號的「潛在顧客」則是指「朋友」。當你向對方送出交友邀請，而對方也接受後，你們就會變成「朋友」。之後，你發布的內容就會顯示在「朋友」的動態消息上。

Facebook行銷的對象，即是上述的「粉絲」和「朋友」。**Facebook行銷所說的「集客」，則是招攬有望成為自家商品或服務客戶的「粉絲」與「朋友」。**

25 「縮小」Facebook行銷的對象範圍

Facebook行銷所說的「集客」，即是招攬「粉絲」與「朋友」。不過，並不是任何人都適合成為你的粉絲或朋友。舉女性全身美容沙龍的粉絲專頁為例，假如只招攬到一堆男性粉絲，那就幾乎沒有意義了。**首先你必須掌握「哪種人是自家商品或服務的潛在顧客」**，再設法讓這個族群的人成為粉絲或朋友。

假如從前或現在的客戶當中，有人符合你的理想，請利用那位客戶設定**目標形象（理想顧客形象）**。

如果找不到符合理想的客人，就得從頭設定目標形象才行。請你先假設潛在顧客的性別、年齡、居住地、職業、年收入、學歷、嗜好、家庭成員、每天的行動、網路環境、感興趣的事、目前的煩惱或課題、購買自家商品或服務的過程等等，然後一一寫下來。這種時候，請不要做出不切實際的設定，盡量描繪出具有真實感的顧客形象。如果連臉部照片或名字都事先設定好，就能真切感受到潛在顧客的存在，效果更棒。

只要能像前述那般**設定明確的目標形象，就能以設為目標的潛在顧客觀點運用Facebook**。當你煩惱文章的呈現方式時，目標形象就是你的判斷基準，如此一來你就有辦法發布更能打動潛在顧客、更具成效的貼文。

26 集客目標範例①

神戶市的餐廳

接下來，我們就利用虛構的企業，練習構思要成為集客對象的目標形象。首先是午間套餐平均單價2000日圓、晚間套餐平均單價5000日圓，位於神戶市的餐廳。

年齡　55歲

居住地　神戶市

性別　男性（目標為有婦之夫）

職業　上班族（妻子則在另一間公司任職）

家庭成員　有2個已經成年的兒女，目前只有夫妻倆一同生活

年收入 夫妻年收入合計約1000萬日圓

學歷 ○○大學○○系畢業

嗜好 打高爾夫球（妻子的嗜好是做菜）

起床時間／就寢時間 平日↓6：30／0：00；假日↓8：00／0：00

通勤時間 7：30～8：00（電車）

上班時間 8：30～17：30／星期一～星期五（星期六偶爾要上班）

飲食生活 早上（7：00左右）↓夫妻一起享用妻子煮的日式早餐，中午（12：30左右）↓吃妻子做的便當（假日大多夫妻一同外出用餐），晚上（19：30左右）↓夫妻一起吃晚餐（假日大多夫妻一同外出用餐）

網路環境 家裡有1台桌上型電腦（Windows）、1台工作用的筆記型電腦（Windows）、1支智慧型手機（Android）

正在使用的社群網站 Facebook（用來跟以前的朋友或國外的朋友交流）、Twitter（有註冊但幾乎沒在使用）、LINE（用來跟家人互動）

每天的行動 通常會在下班回家時，在電車內用手機瀏覽Facebook，深夜就寢前用電腦檢查郵件時也會順便上Facebook看看。

感興趣的事 夫妻倆星期一到星期六都要上班，所以很享受每個星期日兩人一同外出用餐的時光（時常留意餐飲店的資訊）。經常在Facebook上打卡發布去過的餐廳料理照及自己的感想。

像這樣假設好目標後，再來想一想到達銷售階段的過程。

下午6點，下班回家時用智慧型手機瀏覽Facebook，結果在動態消息上看到以「〇〇說讚」這種形式刊登的餐廳廣告（推廣粉絲專頁廣告），由於餐廳就位在目前居住的神戶市，當下就按了讚。

↓

之後便看到那間餐廳的料理類貼文定期出現在動態消息上。除了有關料理的貼文外，該餐廳也公開了店內環境並介紹從業員，於是產生了親近感，而且對這間餐廳的印象比其他餐飲店更加深刻。

↓

跟妻子討論這個星期日要去的餐飲店時，想起了這間餐廳，於是到粉絲專頁查看電話號碼，打電話預約午餐時段。

←

夫妻倆對午餐的菜色及接待服務都很滿意，於是結帳時又預約了下週六的晚餐時段，然後返回住家。

←

之後，變成每個月會光顧一次的常客。

只要像這樣做好設定，便可掌握適合這個目標形象的貼文時間，以及該發布何種內容的貼文。接下來再為大家介紹另一個目標範例。

27

集客目標範例②

大阪市的瑜伽教室

第2個範例是每週上課1次、每次1個小時、每月學費1萬日圓，位於大阪市的瑜伽教室目標形象。

年齡 35歲

居住地 大阪市

性別 女性

職業 專職主婦（之前是粉領族　※丈夫在同一間公司任職）

家庭成員 跟念幼稚園的女兒及丈夫3人一起生活（自己的父母住在車程約15分鐘的地方）

年收入 丈夫的年收入約800萬日圓（每個月可自由運用1萬日圓）

學歷 ○○大學○○系畢業

嗜好 沒有（打算在小孩去幼稚園的期間找點事情做）

起床時間／就寢時間 平日↓6：30／23：30；假日↓7：30／23：30（配合丈夫的出勤時間）

正在使用的社群網站 Facebook（主要用來跟粉領族時代的朋友交流，此外，由於是專職主婦，所以也會為了維繫自己與社會的關係而使用）、LINE（主要用來跟家人、媽媽幫、朋友互動）

網路環境 家裡有1台桌上型電腦（Windows）、1支智慧型手機（iPhone）

每天的行動 除了11：00～14：00這段期間以外都要忙著做家事，很難抽出較長的時間，所以都是趁著空檔查看社群網站。如果要投入新嗜好，會選在11：00～14：00這個時段。

感興趣的事 最近很在意自己的身材。由於本身沒有嗜好，所以很想快點學習對健康有益的新事物。

像這樣假設好目標後，再來想一想到達銷售階段的過程。

趁著空檔瀏覽Facebook時，看到了去瑜伽教室上課的媽媽幫成員發布的貼文。由於貼文標註了瑜伽教室的老師，之後便前往那名老師的動態時報瀏覽貼文，看著看著就對瑜伽產生興趣（貼文內容則以有關瑜伽或身體的小知識、與學生愉快互動的課堂情景為主）。

↓

用Facebook發訊息給那位媽媽幫成員，表示自己對瑜伽教室有興趣，之後便拿到免費體驗課程的申請單。

↓

申請了免費體驗課程並實際體驗之後，決定去上瑜伽課。

↓

找丈夫商量，最後決定從下週起正式上課。

只要像這樣設定好明確的目標形象，便可作為**貼文時的判斷基準**，讓你幾乎不用再煩惱如何設定Facebook廣告的目標受眾，以及該在Facebook上發布何種資訊。

這裡介紹的2個目標範例只是簡單的例子。請各位依照自己的商品或服務設定更詳細的項目，試著建立集客的目標形象。

28

增加「粉絲」和「朋友」的方法

我們在上一節釐清了自家商品或服務的目標對象。如果想更有效率地獲得顧客，就要縮小設定好的目標範圍，增加粉絲或朋友。那麼，如何才能增加粉絲或朋友呢？主要的方法如下：

增加粉絲（對粉絲專頁按讚）

・運用Facebook廣告
・邀請個人帳號的朋友按讚
・邀請對粉絲專頁貼文按讚的人幫專頁按讚
・利用Facebook以外的社群網站或網頁等其他網路媒體散播訊息

．利用廣告傳單或POP等現實世界的媒體宣傳……等等

增加朋友

．對現實世界的人脈發送交友邀請
．利用Facebook以外的社群網站或部落格等其他網路媒體，發出徵求臉友的訊息
．加入以增加朋友為目的的Facebook社團
．建立Facebook社團……等等

增加朋友的方法中，最後一項「建立Facebook社團」，是先建立目標範圍更小的社團，再對成員發送交友邀請。只不過，交友邀請**「只發給現實生活中認識的人」是Facebook的原則**。因此，如果你要實行「對現實世界的人脈發送交友邀請」以外的增加朋友方法，就請自負責任。其實我個人認為，就算現實生活中互不相識，只要雙方都同意成為臉友就沒有任何問題了。關於這個部分，稍後我會穿插自身的實例為大家講解。

至於增加專頁粉絲的方法，基本上就是以上一節設定的目標形象為受眾，**使用Facebook廣告衝高粉絲專頁的按讚數**。除此之外，還可以再利用其他媒體宣傳作為輔助方法。

順帶補充一下，Facebook的「讚」分為2種，一種是**「對粉絲專頁按讚」**，另一種是**「對貼文按讚」**。這裡說的「讚」是指前者（對粉絲專頁按讚，該用戶就會變成「粉絲」）。剛開始使用Facebook的人要小心別搞混了。

另外，有關運用Facebook廣告的方法，我會在第7章詳加解說。請在釐清集客目標後，視需要參考第7章的內容。從下一節開始，我將為大家詳細介紹增加個人帳號朋友的方法。

■集客階段解說圖（詳細）

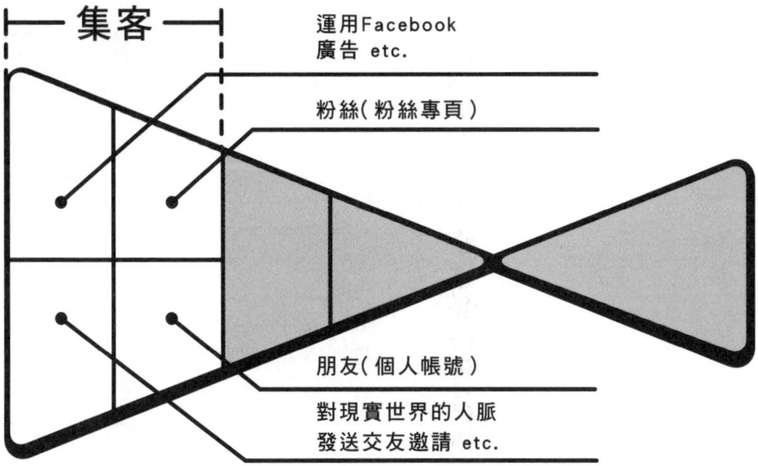
集客
運用Facebook
廣告 etc.
粉絲(粉絲專頁)
朋友(個人帳號)
對現實世界的人脈
發送交友邀請 etc.

29

一定要跟「在現實世界認識的人」成為臉友

跟粉絲專頁不同的是，個人帳號無法使用Facebook廣告來增加朋友。如果要增加臉友，就必須在現實世界腳踏實地耕耘。以下2點是我的心得：

- **養成一定要跟在現實世界認識的人成為臉友的習慣**
- **交友邀請未必只能發給現實世界的人脈**

前者就是字面上的意思。比方說，在交流會之類的場合與陌生人交換名片後，一定要上Facebook搜尋對方的名字發送交友邀請和訊息。參加可以見到許多目標對象（參照第84頁）的活動，積極與他們成為臉友也不失為一種方法。另外，假如從事的是同業或類似行業有可能幫忙介紹工作的職業（例如士業），最好多增加一些同業或類似行業的朋友。身為行政書士的我，其實也會刻意增加極可能介紹工作給自己的稅理士或社勞士臉友。

美容院或全身美容沙龍之類的服務業，同樣建議與自己負責的客人結為臉友。因為曾經光顧過的客人正是你要鎖定的「目標」，這麼做能在「維持」階段收到驚人的成效。

此時要注意的是，大部分的人都不喜歡收到沒留下任何訊息的交友邀請。發送邀請時請**務必附上訊息**。

至於後者「交友邀請未必只能發給現實世界的人脈」，我將在下一節舉自身的例子為大家說明。

30

臉友未必都是「在現實世界認識的人」

上一節談到增加個人帳號朋友的心得時，我舉出了**「交友邀請未必只能發給現實世界的人脈」**這一點。不過如同前述，「交友邀請只發給現實生活中認識的人」是Facebook的原則，這點各位應該也都曉得；至於上述的心得只是我的個人意見，無法認同的讀者可以略過這個部分沒關係。本節就來談談，我為什麼會認為「交友邀請未必只能發給現實世界的人脈」。

以下是我的親身經驗。之前某本書看得我感佩不已，我很想認識作者，於是就上Facebook搜尋對方的名字，然後發送交友邀請與訊息。我在訊息裡寫下讀後感並表示想跟他結為朋友，結果對方接受邀請並回訊息給我，從此之後我們就開始在Facebook上交流。某天，對方發訊息問我：「要不要來參加我的講座？」看到自己尊敬的作者主動提出邀約讓我高興極了，於是我前去參加那場講座，兩人這才終於在現實世界見到面。如今，我跟那位作者成了事業夥伴，交情好到能夠一起經營各種事業。

如同上述的例子，**先在Facebook上認識，之後才發展成現實的人脈，繼而促成商業往來的情況**，是十分有可能發生的。這個經驗促使我產生這樣的想法：交友邀請未必只能發給現實世界的人脈，如果想跟對方結為臉友就積極發送邀請。**能夠建立比現實世界更廣的人脈，同樣是Facebook的一大優點**，我認為應該要善加運用這項優勢。

順帶一提，假如有陌生人發交友邀請給你，你可以先查看對方傳來的訊息內容與共同朋友，再判斷要不要接受。

31 粉絲專頁的「集客」方法

請我幫忙操作粉絲專頁的客戶，絕大多數都是利用Facebook廣告增加粉絲。原因在於，這是最確實且立即見效的方法。此外，縮小目標範圍投放廣告，也可以控制無謂的廣告支出。

有些人或許對於在Facebook付費投放廣告一事有些抗拒，不過我認為實行Facebook行銷時，先**從1個月1萬5千日圓開始**嘗試應該還算OK（預算充足的話當然是越多越好）。如果連這樣的金額都有困難，也可以運用個人帳號將你自己品牌化，然後再花時間慢慢實現Facebook行銷。

我在擔任諮詢顧問時，都會先檢查廣告費花了多少、用在什麼地方上，並傾聽客戶的意見，然後建議客戶暫停成效不佳的廣告，把這筆費用挪來購買Facebook廣告。現在這個時代，Facebook廣告的地位就是如此重要。

另外，利用Facebook廣告時並不是把錢砸下去就好。你必須根據剛才設定的自家商品或服務的目標形象，**刊登能獲得反應的廣告**。關於這個部分，我將在第7章詳細說明。

除了運用廣告這個方法外，還可以邀請自己的個人帳號朋友，或是對粉絲專頁貼文按讚的用戶，幫自己的粉絲專頁按讚。**至於按讚的邀請，請發送給已在現實世界或Facebook上建立不錯關係的用戶。**

我想各位應該都曾收過，個人帳號朋友傳來的「○○邀請你到他的粉絲專頁『△△』說讚」這種通知。你是否曾因為無論在現實世界還是Facebook上，關係都不深的人傳來這種通知而感到困擾？假如這個朋友平時還鮮少發文，那就更教人為難了。平時不曉得在做什麼的臉友，突然要人幫他的粉絲專頁按讚，只會讓人不知如何應對。相信各位都能理解這一點吧？

畢竟確實有人會感到困擾，切記，按讚的邀請盡量不要發給尚未建立好關係的朋友。

除了這個方法外，還可以在郵寄或夾在報紙裡的廣告單或傳單、店家或公司的網站上，**刊登「我們在Facebook上成立了粉絲團，提供有益於〇〇這類人士的資訊！」**之類的文章，並附上粉絲專頁的網址或搜尋關鍵字，藉著這種方式增加粉絲。

另外，也有店家利用「幫粉絲專頁按讚就送下次消費可抵100日圓的折價券」之類的優惠增加粉絲，不過這種做法的效果主要發揮在「維持」階段。由於這類優惠主要是針對來店的顧客，因此在追求回頭客的維持階段成效特別顯著。我客戶經營的店，還會給按讚又「打卡」發文的顧客更多的折扣（有關打卡的部分之後會再說明）。

拿起本書的讀者當中，應該有不少人是利用粉絲專頁實行Facebook行銷。希望各位在增加粉絲時以Facebook廣告為主，再視需要採納其他方法作為輔助。

32

粉絲和朋友需要「多少人」？

接下來要認真運用Facebook的人，假如沒有明確的目標——即便只是暫時的——運用時多半也會力不從心。因此我想在本章的最後一節，談談我個人認為**「應該先達成的粉絲與朋友人數」**。

如同前述，若要實行Facebook行銷，就該盡量招攬對自己的商品或服務有興趣、購買可能性高的用戶。因此，人數未必越多越好，不過擁有多一點關係連結就多一份可能性，同樣是不爭的事實。請各位先以下一頁的數量為目標，增加粉絲與朋友。

個人帳號的「朋友」……500人

粉絲專頁的按讚數（地區）……1000個

粉絲專頁的按讚數（全國）……3000個

上述的目標，是我操作自己和客戶的帳號後所獲得的心得。不過，這只是Facebook行銷新手剛開始該達成的目標基準之一，**並不代表沒必要超過這個數量**，還請各位明白這一點。

當個人帳號的朋友超過500人後，願意給文章按讚或留言的朋友也會隨之增加，繼而提高運用Facebook的動力，發文這件事就會變得越來越有趣。

粉絲專頁有「地區」和「全國」之分，剛開始該達成的目標數量，也會因**事業規模是侷限於特定地區還是以全國為對象**而有所不同。假如事業規模侷限於特定地區，當然還要視該地區的規模而定，不過按讚數（粉絲數）若超過四位數，通常大家就會覺得這是個很熱門的粉絲專頁。

假如是全國規模的事業，請先以3000個讚為目標。因為**潛在顧客不僅會**

依按讚數（粉絲數）判別粉絲專頁的熱門程度，也會以此判斷經營這個專頁的企業或店家的信用度。事業規模越大，粉絲專頁的信用度越重要，因此最少要有3000個讚。

順帶補充一個知識，個人帳號的朋友人數上限是**「5000人」**，請各位先記起來。

至此，從展開Facebook行銷前的準備階段，到Facebook行銷的入口「集客」階段都已說明完畢了。下一章起，我們就來談談跟Facebook行銷的「教育」、「銷售」、「維持」都有關係，亦是本書主軸的「貼文」。

CHAPTER 04

學習Facebook行銷的「有效發文術」

33

「觸及人數」少的話，發再多貼文也沒有意義

本章要談的是，與Facebook行銷的「教育」、「銷售」、「維持」都有關係的**「貼文」**。構思貼文之前，你必須先了解「觸及人數」的重要性。我們再複習一遍，所謂的**觸及人數，是指有多少「粉絲」或「朋友」的動態消息接收到你的貼文**。即使粉絲再多，觸及人數少的話依舊沒有意義。舉例來說，假如粉絲專頁擁有1000名粉絲，但貼文的觸及人數只有100人，就表示只有100人接收到貼文，其餘900人則否。要將貼文的效果發揮到最大限度，就得提升「觸及人數」，這點很重要。

另一個跟「觸及人數」有關且很重要的數據，就是「互動率」。**「互動率」**

■互動率的計算公式（%）

$$\frac{\text{對貼文按讚、留言、分享或點擊的人數}}{\text{貼文的觸及人數}} \times 100$$

是指對該貼文做出回應的觸及人數百分比，計算公式請看上圖。

我們可以透過互動率得知，對貼文有興趣並參與互動的人占觸及人數的百分之幾。

本章要說明的就是，提高觸及人數和互動率（看見貼文、做出回應）的重要技巧。

34

發文時必須注意的「3個重點」

為掌握本章的全貌，請各位先大略了解一下，增加觸及人數和互動率時應該注意哪些事情。下列事項稍後我會再詳加解說，現在只要看過就好。

首先是**「發文的時機」**。即使寫出能打動目標對象的文章，對方要是不看貼文就沒戲唱了。要讓別人看到自己的貼文，就得**在有人會看的時間點發布貼文**。畢竟粉絲和朋友都是「人」，只要發文時留意一般人的行為模式，便可為觸及人數和互動率帶來良好影響。

其次是**「動態消息的演算法則」**。這裡主要談的是「邊際排名

（EdgeRank）」。**「邊際排名」是Facebook特有的評量指標，用來決定動態消息上的貼文顯示順序。**若要提升觸及人數和互動率，就必須了解包含邊際排名在內的「動態消息的演算法則」，發文時也要留意這個演算法則。

最後是**「貼文的內容」**。這是最重要的一點。雖然我在第1章提到，**原則上貼文要避免帶有宣傳色彩**，但這並不代表不可以發布跟工作有關的文章。**「宣傳」和「談論工作」是不一樣的**。這個部分本章也會有詳細說明。

廢話不多說，下一節起我就來為大家講解這3項重點。

35 最佳發文時機是「21點～22點」

若要提高觸及人數和互動率，首先必須注意的就是**「發文的時機」**。很多時候，即使你的貼文再怎麼有價值，仍會因為**錯失發布時機而使觸及人數低迷不振**。要讓更多的粉絲或朋友接收到你的貼文，就得在適當的時間點發布文章。

請各位先想一想**「適當的發文時間」**是什麼時候。舉例來說，在半夜3點發文適當嗎？雖然發文這個行為並不會帶給別人困擾，但半夜3點一般人早就睡了。也就是說，在這個時間發文只能獲得寥寥無幾的觸及人數，因此可以說並不適當。

簡而言之，**適當的發文時間，就是「許多人在Facebook上出沒的時間」**。

別自己想發就發，發文時必須想一想在什麼時間點發布，粉絲或朋友才會看到。

那麼，什麼時候會有許多人在Facebook上出現呢？答案如下：

- **通勤時間**
- **午餐時間**
- **返家時間**
- **晚餐後～就寢前**

我想應該有不少人會在通勤或返家時，利用等電車的空檔以手機瀏覽社群網站，或是就寢前躺在被窩裡查看社群網站，看完才睡覺。用時間來表示的話，大概就是以下的時段：

- **7點～8點**
- **11點～12點**
- **17點～18點**

■粉絲上線時間

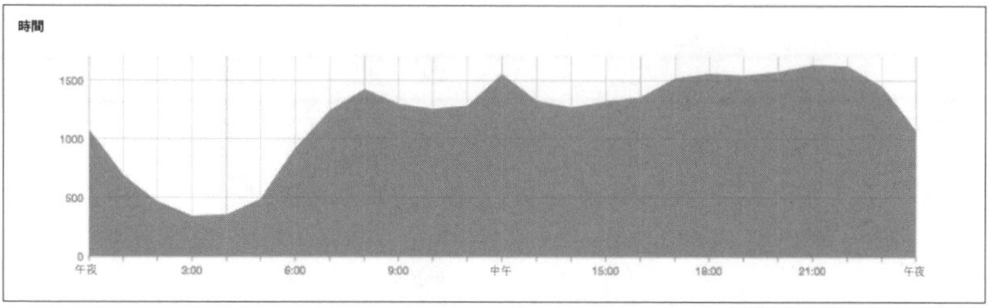

・21點～22點

其中，**21點～22點可說是最適合發布貼文的時段**。

舉我經營的粉絲專頁為例，「洞察報告」中的**「粉絲上線時間」**，同樣顯示這個時段上Facebook的用戶人數最多（某些粉絲專頁可能會有若干差距，請各位查看自己的粉絲專頁「洞察報告」中的資料）。

不過，相信大家每天都很忙碌吧？要各位每次發文都得在上述時段登入Facebook或許有些難度。這種時候，請使用**「貼文排程功能」**。這個功能可事先指定日期和時間，時間一到就會自動發布貼文。可惜的是撰寫本書當時，只有粉絲專頁的貼文可使用這個功能（個人帳號的貼文無法使用）。畢竟這個功能相當方便，請各位務必積極地運用看看。

切記，發布貼文時要選在適當的時間，如此才能讓更多的用戶看到，使貼文的成效發揮到最大限度。

36 避開版面容易擁擠的「週末」

關於發文的時機，接下來要談的是**1個星期之中哪幾天適合發文**。相信大部分的人都是有什麼活動時才發文。而活動絕大多數都是發生在星期六、星期日或星期五晚上等**「週末」**的時候。也就是說，**跟其他天相比，「星期五晚上」**、**「星期六」**、**「星期日」的發文人數較多，動態消息的版面上也是一片擁擠**。由於隨手發布的普通文章數量變多，導致我們的貼文湮沒其中，抑或分散粉絲與朋友的目光，於是貼文被看見的可能性就比其他天來得低。

假如你要發布的是用來替主辦的活動招攬參加者的文章，或是自認為「嘔心瀝血之作」的重要文章等，這類特別想要「盡可能觸及更多用戶」的貼文，最好避開前述容易導致版面擁擠的日子。

另一個原因是，「每天都會在通勤時間或休息時間等固定時段查看Facebook」的人很多，但週末的作息大多跟平時不同，沒辦法在「固定的時段」瀏覽Facebook，**導致粉絲或朋友上線的時間跟平常不一樣**，因此發文最好避開週末。

話雖如此，假如是週末發布效果會更好的文章，或是遇到行程滿檔，一定得現在發布不可的情況，就只能忽略前述的注意事項選在週末發布貼文了。不過，在本書推薦的時間發文，確實可大幅提高貼文的觸及人數和互動率。希望大家都能盡量選在前述的時間與日子發布貼文。

37

依照「行業或目的」決定時間

前面提到的適當發文時間和日子，是基於一般人的行為模式所做的考量。因此，某些業種可能就不適用於這項標準。

舉**「餐飲店」**為例。上一節提到「發布想衝高觸及人數的貼文時最好避開週末」，雖然對大眾而言週末是休息的日子，但對餐飲店而言卻是賺錢的時候。也就是說，「餐飲店」如果要發布料理照之類的貼文，**即使遇上週末也應該要發文**。

另外，假如餐飲店在前述的21點～22點這個時段上傳料理照，同樣很難發揮最大的成效吧？

餐飲店的料理照，還是得在空腹時看到才能發揮最大的效果。用時間來表示的話，倘若**鎖定午餐客層就選在11點～12點左右發布，鎖定晚餐客層的話則選在17點～18點左右**效果最好。

顧客看了貼文後能立刻上門光顧是最理想的，不過就算無法立即促成銷售，只要空腹時看到的照片印象夠強烈，即使過了一段時間之後粉絲或朋友依然有可能記得，因此仍有機會促成日後的銷售。

如同上述，根據行業或目的不同，發文的時機也會不一樣。看完本節所舉的餐飲店例子後，請各位想一想哪個時候發文才適合自家商品或服務的目標對象。

38

發文次數以「1天1次」為限

接下來要談的是**「適當的發文次數」**。人只要接觸次數一多，就會覺得自己跟對方的距離縮短了，繼而產生親近感。這在心理學上稱為**「單純曝光效應（Mere-exposure effect）」**。舉例來說，你是否曾有過與數年不見、平時利用Facebook聯繫的朋友見面時，對方卻說「一點也沒有好久不見的感覺」之類的經驗呢？近年來，由於大多數的人每天都會利用Facebook之類的社群網站進行交流，在此影響之下人們很容易產生天天見面的感覺，繼而因單純曝光效應萌生出親近感。同理，藉由定期發布貼文縮短自己跟粉絲或朋友的距離，使對方產生親近感，一樣能提高接獲工作的機會。

那麼，該以怎樣的頻率「定期發布貼文」呢？單刀直入地說，較為適當的發文次數**最多以1天1次為限，最少3天發文1次**。

假如目的是藉由單純曝光效應使對方產生親近感，1個月發文1次或1週發文1次就太少了，這點相信大家都能理解。不過，如果每天都發2篇以上的貼文，粉絲或朋友也可能會因為「動態消息上全是這個專頁的貼文」，覺得你的貼文很煩，因而取消追蹤。要是發生這種情況可就得不償失了。

此外，由於動態消息是以稍後介紹的「邊際排名」作為評量指標，發布超過24小時後，貼文就很難再顯示於動態消息的前段。因此，從「提高顯示順序的效率」這點來看，每隔24小時左右發布貼文同樣是很有效的手法。基於這些原因，我建議大家最多1天發文1次，最少3天發文1次。

39

藉由「行動最大化」擴大機會

參加講座的學員經常在發問時間問我：「持續發文的祕訣是什麼？」而我總是回答：**「每天抱著『將自己的行動最大化』的念頭發文。」**講白一點，就是「在現實世界做過的事或身邊發生的事，如果只放在自己心裡未免太可惜了」這種感覺。

舉例來說，假設我今天發了1篇寫著「我到博多出差了」的貼文。昨天一起在大阪工作的夥伴，如果看到我這篇貼文，說不定會覺得「昨天晚上還一起待在大阪的人，現在已經跑去博多了。我也得向他的行動力看齊，更加努力才行」。換言之，**自己的貼文說不定能帶給他人良好的刺激**。有些時候，這也能對今後的人際關係產生良性影響。

這其實是我的親身經驗，發布「我來博多了」這篇貼文後，有人留言給我：「我現在也在博多。之前我就很想找機會跟你見面，如果方便的話，要不要找個地方喝杯茶？」之後我們真的見了面，並在日後為我帶來了工作。有時我也會像這樣，抱著**「這篇貼文或許能帶來新的關係連結」**這種想法發文。

如同前述，利用Facebook廣泛地散播，讓更多人知道自己的行動，便有可能產生各種契機或機會。我將這種做法稱為**「行動最大化」**。透過Facebook達成「行動最大化」，可使你的貼文收到最大的成效。

40 注意「親密度×權重×經過時間」

接下來要談的是**「動態消息的演算法則」**。各位的動態消息，並不會顯示出所有粉絲或朋友的貼文。從粉絲專頁經營者的角度來說，這就是代表著**「並不是所有的粉絲都會接收到自己的粉絲專頁貼文」**。決定貼文是否會顯示在動態消息上，以及是按照哪一種順序顯示的主要評量指標，就是Facebook特有的**「邊際排名」**。

Facebook的邊際排名，是由**「親密度」**、**「權重」**、**「經過時間」**這3項因素所構成。若想讓更多用戶接收到自己的貼文，就必須提高並維持各項數值。實踐Facebook行銷時，必須對這個演算法則有基本的認識，接下來就一一為大家說明。

①親密度

首先是「親密度」。如同字面上的意思，**這個數值代表你與粉絲或朋友在Facebook上的交流有多親密**。若要提高親密度，簡單來說，只要在Facebook上採取能告訴臉書「我對這個帳號有興趣」的行動就好。假如是個人帳號，你只要對朋友的貼文按讚、留言或分享即可。其他如互傳訊息次數、標註次數、瀏覽對方的動態時報次數與停留時間、是否點擊貼文等，各種Facebook上的行動也都會計算進去（話雖如此，事實上我們沒辦法看見具體的數值）。

至於粉絲專頁，由於原則上無法像個人帳號那般可以主動採取行動，發文時請記得選擇容易得到粉絲回應（例如按讚）的內容。另外，有人留言就要確實回覆，這個方法也能有效提高你與粉絲的親密度。還有，稍後介紹的「打卡」同樣會影響你與粉絲的親密度。

②權重

接著是「權重」。親密度看的是個人帳號之間，或粉絲專頁與個人帳號之間的互動，**權重則取決於每一篇貼文**。在Facebook的動態消息上，貼文必定是以一直列的方式呈現。也就是說，當你打開Facebook的動態消息時，哪一篇第1個顯示、哪一篇第2個顯示，排列順序早已明確決定好了。

為了讓大家更好理解，我們先暫時別管前述的親密度等其他基準。舉例來說，有100個讚的貼文會排在有50個讚的貼文前面，主要是因為Facebook判斷擁有較多回應的貼文對大多數的人有益，所以才提高該貼文的優先度盡可能讓更多人看見。另外，「留言」的執行難度要比「按讚」高，「分享」的執行難度要比「留言」高，因此分數也相對的高**（按讚＜留言＜分享）**。拿有100個讚的貼文和有100則「留言」的貼文來比較，即便兩者的回應數都是100，有100則「留言」的貼文顯示順序會比較前面。

如同前述，**Facebook會依回應數，優先顯示它認為「重要度高」的貼文，而這就是所謂的「權重」**。順帶一提，除了回應數外，據說貼文的種類也會影響權重，**附上圖片或影片的貼文權重會比只有文字的貼文還高**。

其實除了權重之外，前面提過的親密度與後面將會敘述的經過時間也會造成很大的影響，**決定顯示順序的因素並不只有回應數與貼文的種類而已**，請各位務必明白這一點。

③經過時間

最後是「經過時間」。**發布時間較短的貼文會優先顯示，顯示順序則會隨著時間經過而下滑**。剛剛發布的貼文會顯示在1週前發的貼文前面，就是因為**「貼文發布後的經過時間」**很短（很新）。

經過時間還有另一個種類，就是**「有了回應後的經過時間」**。舉例來說，假如今天有人對1個月前的貼文「按讚」或「留言」，該篇貼文就很有可能會顯示在前段。相信各位都曾看過，舊貼文因為「○○回應了△△的貼文」之類的情況，而再度躍上動態消息的版面，這即是因為「有了回應後的經過時間」提高了貼文的優先度。

實行Facebook行銷時，無論發文或交流都必須留意邊際排名。如果要讓更多的粉絲或朋友觸及自己的貼文，**運用Facebook時千萬別忽略邊際排名**，好比說定期（經過時間）發布容易獲得粉絲回應的貼文（權重），有人留言就一定要回覆（親密度）。

關於「邊際排名」的內容，各位都了解了嗎？動態消息的演算法則十分複雜，而且Facebook也時常修改演算法則。想完全理解動態消息的演算法則並不容易，可是若要實行Facebook行銷，就得好好配合動態消息才行。

最重要的是，你要先了解你的粉絲與朋友。然後避免發布會令粉絲或朋友抱持相反意見的貼文，還要發布可以獲得他們回應的貼文，也就是想辦法提高並維持邊際排名。

41

越常「交流」越能提升觸及人數

要實現Facebook行銷，就必須讓更多用戶接收到自己發布的資訊，這點無庸贅言。只要按照前述的說明，記得留意「發文的時機」、提高並維持「邊際排名」，觸及人數就會自然而然變多。除此之外，**「交流」**也是一種用來提高並維持「邊際排名」的手法。

如果是個人帳號，就該主動積極地給予他人「按讚」或「留言」之類的回應。不發文也不「按讚」、「只是單純瀏覽」的人，**Facebook上的朋友很有可能會忘了他的存在**。

要是演變成這種情況，那就用不著談Facebook行銷了。這時應該先在

Facebook上積極活動，以擺脫這個狀態。只要你積極按讚，多數用戶都會因為「這個人每次都幫我按讚」而幫你按讚。「留言」也是一樣。總是**能得到許多「讚」或「留言」的用戶，幾乎無一例外都是會主動按讚或留言的人**（名人除外）。

如果是粉絲專頁，**請記得發布容易獲得粉絲回應的貼文，當自己的粉絲專頁有留言時一定要回覆**。

不過，粉絲專頁的粉絲人數如果增加太多，留言數也會變得很可觀，因此有可能會遇到無法回覆所有人的情況。這種時候，你至少要對該則留言按讚。畢竟這是對方好不容易才鼓起勇氣留下的意見，千萬不能漠然置之。

42

留言要在「發文數小時後」回覆

本節要談的是，回覆留言時該注意的事項。回文很長時，文字擠在一起的話閱讀起來會很吃力，所以要記得**在適當的段落換行**。如果你是用電腦回覆，可以用**「Shift+Enter」**換行。

此外，回覆之前要先用**「@」指定帳號**，這樣才能明確知道你是回覆給誰。只要在「@」後面打上文字，Facebook就會跳出候選名單，選擇你要回覆的帳號後，再按照平常的方式輸入文字即可。或者，你也可以使用各則留言下方的**「回覆」**功能。像這樣指定對象回覆留言，等於是在告訴Facebook「我回覆了這個人的留言」，於是邊際排名的親密度便會提高，而留言數變多也能給權重和經過時間帶來良性影響。

至於回覆留言的時機，最好選在**「發文幾小時後的適當發文時間」**。經過一段時間後，等貼文優先度下滑時再回覆留言，便可縮短「有了回應後的經過時間」，提高貼文再度躍上動態消息的機會。回覆時，最好挑在第114頁說明的適當發文時間。

Facebook上的交際往來其實跟現實世界一樣。有人理自己時就會覺得開心，遭到忽視時就會感到寂寞。畢竟這是個基本上靠文字來溝通的世界，或許有很多部分要比現實世界更加用心才行。不過，當你能夠享受這種透過社群網站進行的現代交流後，相信你離開花結果的那一天也不遠了。

43 活用「標註」和「打卡」

Facebook有「標註」和「打卡」的功能。實行Facebook行銷時，必須有效運用這2種功能。

「標註」是個人帳號發文時可以使用的功能。在自己的貼文裡加入其他的個人帳號（朋友），被標註的朋友其動態時報上就會顯示出同一篇貼文。如果是公開的貼文，還能**散播到被標註之人的朋友那裡**，因此連跟自己沒有關聯的用戶都能接收到自己的貼文。

除此之外，標註還有另一個重要的效果，那就是能夠**提升你與標註的朋友彼**

■「標註」範例

此之間的親密度。標註是一種告知Facebook「我跟這個朋友此刻正在一起」的行為，所以可以為親密度增加很高的分數。假如你要發的是能夠加上標註的貼文，例如與內容有關的人物超過2個人時，最好盡量使用這個功能。

不過，標註之前請務必先徵詢當事人的同意：「我可以標註你嗎？」沒有經過允許便擅自標註他人，對方通常會覺得不太舒服。因為對方說不定「不想讓別人知道這個時間我人在這裡」。這是不能不知道的**Facebook禮儀**。

至於**「打卡」**則跟標註相反，是在貼文裡加上地點的功能。舉例來說，打卡之後你的貼文就會顯示「○○在△△（店名）」，並附上那家店的粉絲專頁連結。像

■「打卡」範例

餐飲店或美容院這類有實體店面的業種，如果請顧客使用這個功能，**就能使自家店鋪的粉絲專頁散播至顧客的朋友那裡**。如此一來，便可提高直接招攬到顧客的機會。

不過，打卡功能沒有辦法由我們操作，必須要由顧客主動使用才行，因此我們需要花點心思讓顧客願意打卡。

舉我的客戶為例，有些人會在店內放上「打卡的客人能獲得小禮物」的POP廣告，有些人則是安排攝影地點（例如拍照用的挖洞看板），總之就是**營造出可讓顧客主動打卡的環境**。

順帶一提，前例的「小禮物」，建議選擇「下次來店時可以使用的折價券」。原因很簡單，這麼做能提高回購率。

對於光顧2次以上的回頭客，除了要繼續在Facebook上發文、維持關係外，現實世界中的應對也很重要。光是記得顧客的名字，就能讓對方非常高興。接待光顧2次以上的顧客時，連這種小地方都要用心，請各位要靈活地結合現實世界中的應對與Facebook的運用以維持客源。

Facebook的特色，就是能藉由銘印潛在的部分，接觸需求尚未顯在化的用戶。而且重點是，資訊是透過「朋友」進行傳播的。只要累積前述的打卡貼文，**Facebook上的貼文便會發展成現實世界的口碑**。具體來說，我們可以期待顧客和他的朋友進行這樣的對話：「前陣子你PO在Facebook上的店，氣氛看起來很棒，你可以告訴我詳細的資訊嗎？」當Facebook像這樣與現實世界產生連結時，即能發揮最大的成效。

另外，如果要請用戶使用打卡功能，就必須設定粉絲專頁的地址。請進入「關於↓專頁資訊↓地址」，開啟如下一頁的畫面。輸入地址，然後在地圖上標記正確的位置，接著點擊地圖下方的「儲存變更」即可。上述是2016年1月當時的設定方式，這樣一來就能使用打卡功能了。

■標註貼文範例

■打卡貼文範例

■標註＆打卡貼文範例

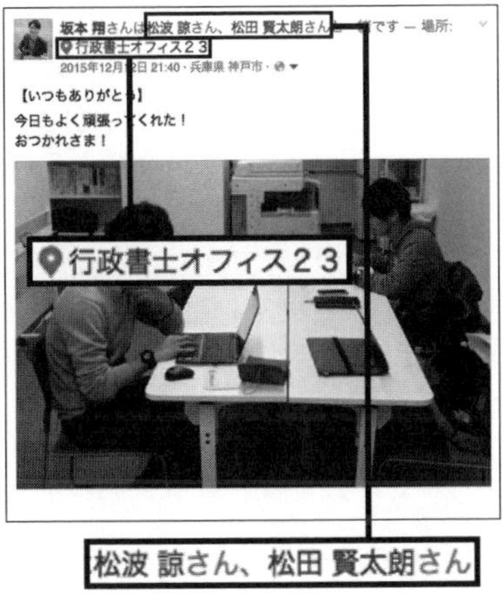

■粉絲專頁地址設定畫面

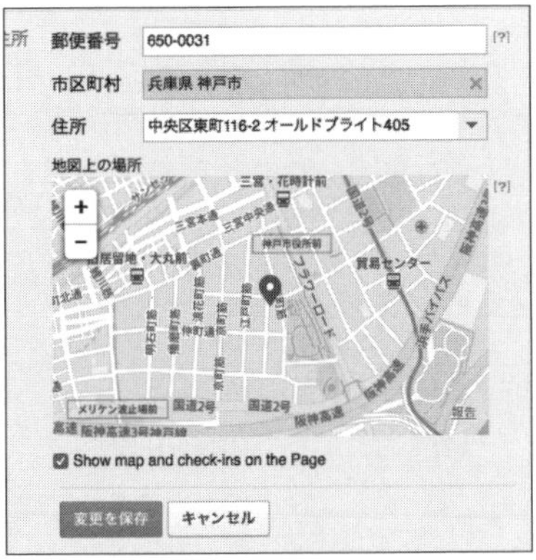

44

切記，「自顧自地發文」毫無任何意義

從本節開始，我們終於要來談談具體的貼文內容。

首先，在發文之前，請各位務必要記住一件事：**Facebook並不是自己想怎麼用就怎麼用的宣傳工具**。

平常沒在發文，只有自己要宣傳什麼時才在Facebook上發文的人意外地多。Facebook用戶之所以使用臉書，原本就不是為了購物，而是為了交流或蒐集資訊。因此，把Facebook當成「想用才用的宣傳工具」使用，並不會幫助你賣出商品或服務。而且，這麼做不僅無法促成銷售，還可能會有粉絲或朋友因而感到不愉快。

辛辛苦苦地利用Facebook廣告增加粉絲後，要是你只顧著宣傳，導致自己的貼文惹人不快、取消追蹤，到頭來也只是白白浪費了廣告費。為避免這種情形，請你在發布貼文之前，先站在接收資訊的粉絲或朋友的立場想一想。相信如此一來，你就能發掘出好幾個能促成銷售的辦法。

站在粉絲或朋友的立場便不難想像，原本想報告近況或與朋友交流才上線的人，要是一打開Facebook就看到宣傳型貼文，心裡會有多不愉快。那麼，什麼樣的貼文才會受到喜歡呢？答案請看下一節起的說明。

45

公開發布宣傳型貼文前的「過程」

只在自己要宣傳時才於Facebook上發文的運用方式，不只沒有效果，還伴隨了令人反感、「粉絲」或「朋友」取消追蹤的風險。那麼該如何發文，才不會惹粉絲或朋友討厭，又能增進營業成效呢？

先從結論說起，答案就是**「公開過程」**。舉例來說，假設你有商品或服務想要宣傳，如果一開始就發布「新產品開賣！」之類的貼文，基本上很難發揮多大的效果。你應該從發售之前，就持續一點一點地發布有關企劃會議的情況、製作過程、發售前倒數之類的貼文。換言之，就是壓低宣傳色彩公開企劃至發售的過程，以向粉絲或朋友告知自家商品的存在，使他們產生興趣，並在他們的腦中灌輸商品的必要性與效果。**不要毫無前兆地突然宣傳，要公開發布宣傳型貼文之前的「過程」**，這在實踐Facebook行銷的「教育」上是非常重要的觀念。

Facebook並不是專門讓你拿來宣傳商品或服務的方便工具，你必須利用宣傳色彩不濃的文章，將想宣傳的內容灌輸到對方的潛在意識裡，使他在產生需求時想起你的商品或服務，繼而促成銷售。更何況，大部分的行業都必須等潛在顧客有需求時才能售出商品。**假如硬要對方產生需求（推銷商品或服務），便會使粉絲或朋友感到不愉快或不信任，因而離銷售階段越來越遠。**若要避免這種情況，切記要以長遠的目光看待Facebook行銷，並在貼文中公開「過程」。

46 必須先掌握的「4種貼文類型」

在了解Facebook貼文的基本原則，也就是「不能把Facebook當成可任意使用的宣傳工具」後，接下來要談的是「Facebook貼文的類型」。Facebook貼文大致可分成以下4種類型：

①直接宣傳型貼文
②間接宣傳型貼文
③提供資訊型貼文
④分享生活型貼文

只要靈活地組合運用這4種貼文，便可達成Facebook行銷的目的，亦即引導潛在顧客到達「銷售」與「維持」的階段。接下來，我就依序為大家解說這4種貼文的內容。至於具體的貼文範例則放在下一章，請各位先了解各類貼文的概要。

①直接宣傳型貼文

首先是宣傳型貼文之一的「直接宣傳型貼文」。像推出新商品或新服務時引導顧客前往訂購網站的貼文，或是刊登活動詳情（日期、地點、報名費、報名方法等）的貼文，這類**明顯帶有宣傳色彩的貼文就屬於「直接宣傳型貼文」**。這種類型的貼文雖然背離「避免帶有宣傳色彩」這項原則，不過我們最終還是得利用直接宣傳型貼文發布正確的資訊才行。這可說是在公布上一節談到的過程之後，要將潛在顧客**導向「銷售」這個最終階段時所不可或缺的貼文**。

順帶一提，直接宣傳型貼文的內容，要以前端商品為主（參照第151頁的全貌圖）。至於後端商品，只要利用下一類的間接宣傳型貼文展示一下即可。我在第2章講解自我介紹文的撰寫方法時也提過，**在Facebook銷售商品時，原則**

上要先販售前端商品，請各位要牢記這一點（後端商品原則上是賣給已購買前端商品的人）。

②間接宣傳型貼文

「間接宣傳型貼文」是以「宣傳」為目的，卻將宣傳色彩降到最低的貼文。這種類型的貼文，是絕大多數行業的**Facebook行銷核心**。舉餐飲店為例，如果用「北海道的馬鈴薯，在今天早上送到了！一想到今天能提供顧客比平常還要美味的料理，心裡就既興奮又期待！」這段文字，搭配送來的馬鈴薯照片，這篇貼文便可算是「間接宣傳型貼文」。另外，美容院若發布「今天也有新客上門光顧！那張滿意的笑容讓人印象深刻，臨走時客人還說下次會再來。這種時候總是能深刻感受到這份工作的價值！」這種內容的貼文，同樣屬於間接宣傳型貼文。一般人看到這種貼文時，應該不會感覺到宣傳色彩。**文章的焦點全放在**「馬鈴薯送來了」這種**生活小事**，或是**發文者與客人互動時的心情**上，不過換個角度來看，兩者的**目的都是「引導讀者上門光顧」**。這種類型的貼文，就稱為「間接宣傳型貼文」。

③提供資訊型貼文

緊接著是「提供資訊型貼文」。如同字面上的意思，這是**提供自己的粉絲或朋友有益資訊的貼文**。好比說法律上的問題，對於天天從事這份工作的士業人士而言這是家常便飯，但一般人大多對此不甚了解。因此，發文解說與日常生活有關的法律，即是適切且有效的提供資訊型貼文。除此之外，發文分享提供資訊的部落格或專欄的連結，同樣屬於提供資訊型貼文。**「蒐集資訊」**是一般用戶使用Facebook的目的之一。尤其粉絲專頁若想持續獲得新的「讚」，或是要避免粉絲取消追蹤，就更該投注心力於提供資訊型貼文上。

④分享生活型貼文

最後的**「分享生活型貼文」，是不以宣傳為目的，為了展現自我而分享生**

活大小事或自身想法的貼文。要讓粉絲或朋友找出雙方的共同點，或是讓他們產生親近感，就需要這種類型的貼文。

從邊際排名的角度來看，分享生活型貼文是**這4種Facebook貼文當中，最容易獲得回應的貼文類型**。就維持自己與粉絲或朋友的親密度這點來說，這可是Facebook行銷不可或缺的重要貼文。換言之，分享生活型貼文亦可作為**「宣傳型貼文的事前準備」**。舉例來說，當你要發布想讓更多人觸及的宣傳型貼文時，可以先刻意發布分享生活型貼文，以提高並維持親密度。

4種貼文類型到此大致介紹完畢。當你在撰寫要發布的文章時，別忘了想一想**「自己正在撰寫的文章屬於哪一種貼文」**，以及**「這篇貼文是為了什麼目的、抱著什麼期待而發布的」**。

有無掌握貼文的目的，同樣會對文章的表現造成很大的影響。如同前述，1天的適當發文次數以1次為限。建議各位養成時時思考發文目的的習慣，以避免

■Facebook行銷的全貌圖（完整版）

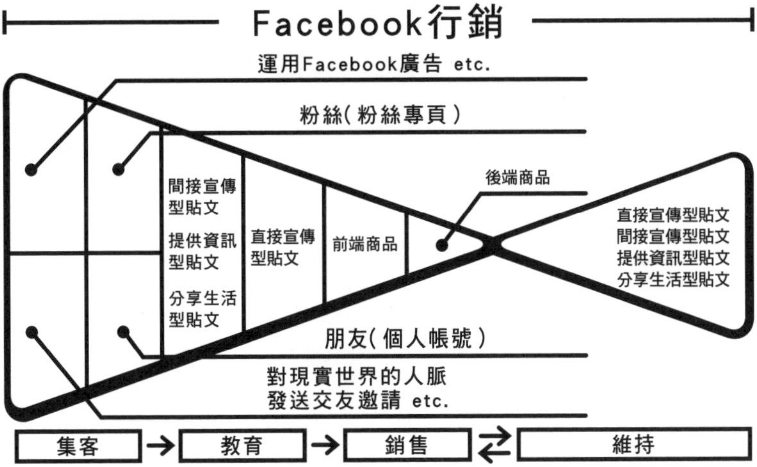

發布沒有任何成效的廢文。

47 貼文的比例以「1：4：3：2」為佳

上一節為大家介紹了「直接宣傳型貼文」、「間接宣傳型貼文」、「提供資訊型貼文」以及「分享生活型貼文」。發布這4種貼文時，怎樣的比例才恰當呢？這要視職種而定，原則上比例如下：

●粉絲專頁

「直接宣傳型貼文」：「間接宣傳型貼文」：「提供資訊型貼文」：「分享生活型貼文」＝1：4：3：2

●個人帳號

「直接宣傳型貼文」：「間接宣傳型貼文」：「提供資訊型貼文」：「分享生活型貼文」＝1：4：2：3

個人帳號與粉絲專頁的最大差別就是，**個人帳號的「分享生活型貼文」比粉絲專頁多**，相反的，**粉絲專頁的「提供資訊型貼文」比個人帳號多**。

粉絲專頁的經營主體大多不是「人」，所以不太容易發布分享生活型貼文。反觀個人帳號就很擅長發布分享生活型貼文。因此，分享生活型貼文的比例才會不一樣。

至於提供資訊型貼文，舉美容院經營者發布的頭髮小知識為例。假如發在個人帳號上，可能會有朋友對這篇貼文不感興趣；反觀粉絲專頁，由於集客階段就已縮小目標範圍，吸引到的粉絲應該都對頭髮的資訊有興趣。因此，粉絲專頁比較適合發布提供資訊型貼文。

另外，我想有些讀者會很詫異，宣傳型貼文居然占了一半的比例。**雖然Facebook貼文「原則上要避免帶有宣傳色彩」，但這並不表示不能談工作的話題。**要是完全不帶商業色彩，你的專頁就會變成普通的私人交流工具，既然連自己販售什麼商品或服務都沒說明，當然不可能促成銷售。不過，宣傳型貼文當中直接型占1成，間接型占4成，很顯然是以間接宣傳型貼文為主。

還有，請各位把這個貼文比例當成一種參考基準就好。像士業或顧問業，就可以多增加一些提供資訊型貼文；我的客戶當中，也有人的間接宣傳型貼文占了整體的8成。貼文的比例也會隨著業種或品牌化目標而改變。各位不妨在實際運用的同時，慢慢找出適合自己的貼文比例。

■粉絲專頁的貼文比例

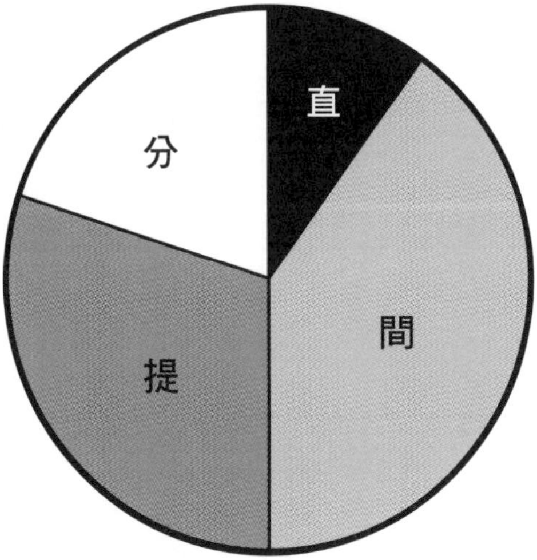

■個人帳號的貼文比例

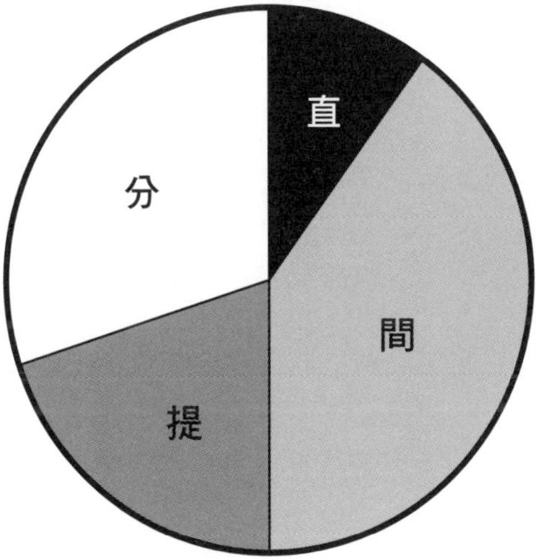

48

不要持續發布「反應欠佳的貼文」

接下來要為大家介紹的是，發文時要注意的事項，以及貼文的撰寫方法。

首先要注意的是，**「不要持續發布反應欠佳的貼文」**。舉例來說，「直接宣傳型貼文」是4種類型當中，宣傳色彩最為強烈，也因此最難獲得回應的貼文。如果你一直發布這種貼文，就得持續面臨鮮少有人「按讚」或「留言」的情況。

假如你一直處於貼文得不到回應的狀態，你與粉絲或朋友的親密度就會下滑。親密度一變低，便會連帶使得本來容易獲得回應的分享生活型貼文或間接宣傳型貼文難以顯示在動態消息上，於是你就越來越難得到「讚」或「留言」。最後陷入粉絲很多，文章的觸及人數或按讚數卻很少的遺憾狀態。

如果不想白費好不容易才招攬到的粉絲或朋友，**貼文時也要留意順序**。

比方說，你可以在發布直接宣傳型貼文的前一天，刻意利用容易獲得回應的分享生活型貼文提高粉絲或朋友的親密度。這種方法我也經常使用。

除了直接宣傳型貼文之外，其他類型的貼文若發布後反應欠佳，一樣得極力避免繼續發布反應可能不太好的同類型貼文，並且發布反應多半不錯的貼文，努力維持、恢復親密度。

49 利用「公開」設定達到擴散作用

粉絲專頁是以商業運用為前提設計而成的，因此所有的貼文都設定為「公開」。至於個人帳號，則可自行選擇公開的範圍。不少人會將個人帳號貼文的公開範圍設定為「朋友」，假如你想透過Facebook接到工作，還是**該設定為「公開」**。如果公開範圍設定為「朋友」，你的貼文就只有接受交友邀請的「朋友」才收得到。假使朋友特意分享了你的貼文，限制公開範圍等於是**親手摧毀了可散播給朋友以外的用戶看見的機會**。

另外，既然貼文設定為「公開」，發文時就得要有「不曉得會被誰看到」、「自己正在一大群人面前說話」的心理準備，於是你就能繃緊神經，撰寫出沒有錯誤且內容恰當的貼文。像我這種處理文件的行業，就得特別留意錯字或漏字才行。我向來都是用**「Microsoft Word」**作為預防錯字漏字的工具。當你打錯字或是文法有問題時，Word會用底線提醒，讓你一眼就能看出哪個地方有問題。尤其是撰寫長篇文章的時候，最好先用Word打好，之後再把文章貼到Facebook的發文欄。

每一種社群網站都有各自的特色，而**Facebook是當中性質較為開放的社群網站**。它是一種可建立比現實世界更廣的人脈，並能與許多用戶加深交流的工具。至於Facebook以外的社群網站，之後我會再向各位介紹。現已邁入必須了解各種社群網站的特性並且靈活運用的時代，希望大家都能以適合Facebook的開放手段運用臉書，實現Facebook行銷！

50

讓人以為是「自己選擇」的魔法貼文

冒昧地請各位思考一個問題。假設動態消息上出現了朋友發布的影片，請問以下2種影片的文字說明，哪一種會使人產生點擊影片連結的念頭呢？

①「這是～～的影片！大家一定要看！」

②「這個影片使我獲益良多！」

假如是右邊的①和②，應該是②比較會讓人產生看影片的意願。

人是一種凡事都想自己作主的生物。①的說法，有點強迫別人看影片的感覺。②的說法，則單純是**發文者看完影片後的感想，要不要看則由我們自己決定**。於是，大部分的人就會覺得「他都說獲益良多了，不如就來看一下吧」。

撰寫要發布的文章時，不要把焦點放在自己的欲望上（例如「希望別人看到」、「想要宣傳」等等），要像本節的例子一樣**「把焦點放在自己的心情上」**，這個技巧非常重要。Facebook本來就是一種，期望藉由人人都有的**「共鳴」**情感進行散播或交流，促使商品或服務銷售出去的工具。既然**大家同為人類，當然會對「人的心情」產生共鳴**。只要利用人類的這種傾向，以自己的心情為話題，便能寫出容易引發共鳴的貼文。最後，粉絲或朋友就會**「以為這是自己選的」**，而發文者也大多能得到自己想要的結果。

撰寫導向其他網站的「直接宣傳型貼文」或「提供資訊型貼文」時，這種技巧能發揮很大的成效。

51

切記，沒有附圖的貼文「沒人會看」

大家在發文時，都會附上照片嗎？發布貼文時，請記得要盡量附上照片。Facebook用戶都是於一瞬間判斷要不要閱讀動態消息上的貼文。在天天湧入動態消息版面的大量貼文當中，純文字的貼文和附圖的貼文，哪一種會使人停下目光呢？不用說，當然是附圖的貼文吧？

附上照片，可為貼文製造出視覺印象。如此一來，別人就更有意願去看你的貼文，「按讚」或「留言」的機會也會隨之增加。事實上就有調查顯示，附圖的貼文分享率比較高。回應的數量一多，便能為邊際排名的3種數值帶來良性影響，於是你的貼文就能給更多的用戶看見。

當然，有些時候也會遇到沒辦法拍出符合貼文內容的照片，或是忘了拍照的情況。如果真的生不出照片，就只能發布純文字的貼文了。不過，**用手機拍的照片其實就很夠用了**，所以發文時記得盡量附上圖片。而且很多時候，看起來像外行人用手機拍的照片反而能獲得不錯的回應。

用戶若不願意閱讀貼文，就無法實現Facebook行銷。如果要讓更多的粉絲或朋友看到自己的貼文，照片也是不可馬虎的部分。

52 「標題欄」自己加上去就好

如同前述，Facebook用戶真的是只用一眨眼的時間，就決定要不要查看顯示在動態消息上的貼文。而且，貼文沒人看的話，一切都無法開始。發文並不是只要遵守適當的時機與次數就好，還得花心思讓粉絲或朋友願意查看自己的貼文。本節要介紹的**「標題」**，便是其中一種吸引人閱讀貼文的方法。

發布在部落格的文章，一般都會分成標題和正文2個部分。但是，Facebook之類的社群網站卻只有一個發文欄，用戶只能輸入正文。話雖如此，貼文只有正文的話未免太平凡無奇了。所以，我們就自己加上標題欄吧！第166頁的範例圖，是我以前發布的間接宣傳型貼文。**我在貼文欄的第1行，用【】作為標題欄。**

你也可以使用「」或是『』，不過【】比較醒目，所以我比較建議用【】。

拿有標題和沒標題的貼文相比，看得出來印象全然不同。有標題的貼文（上圖），由於一開始眼睛就往標題的部分看去，所以視線不會亂飄，而正文也因此給人有條不紊的感覺。沒標題的貼文（下圖），第一行就是一段長到不行的句子，目光焦點不知道該放在文章的哪個部分，給人鬆散的印象。因此，假如這是一篇長文，別人可能就不會去看。

特別是發布長篇文章的時候，個人建議最好要加上標題。這是因為，即便是長到需要點擊「更多」或「繼續閱讀」的文章，**只要能用標題吸引粉絲或朋友，便可提高他們的閱讀意願**。

標題要使用可讓這篇貼文的目標粉絲或朋友，認為**「內容可能跟自己有關」**的關鍵字。以上一頁介紹的貼文範例來說，我使用【年輕創業家】作為標題，對於「打算創業的人」或「經營者」這類我事業的目標客層而言，出現「創業家」

■有標題

坂本 翔さんは井手大貴さんと一緒です
たった今・

【若い起業家】

今日は、会社設立やウェブの制作を依頼してくださったお客様と打ち合わせ。

なんと25歳の僕よりも若いんです！

彼は僕が主催する士業×音楽＝LIVEを手伝ってくれたり、自分でも大きい規模のイベントを主催しています。

後輩に負けないように、毎日アクション起こして進んでいかないと！

■沒標題

坂本 翔さんは井手大貴さんと一緒です
たった今・

今日は、会社設立やウェブの制作を依頼してくださったお客様と打ち合わせ。

なんと25歳の僕よりも若いんです！

彼は僕が主催する士業×音楽＝LIVEを手伝ってくれたり、自分でも大きい規模のイベントを主催しています。

後輩に負けないように、毎日アクション起こして進んでいかないと！

這個關鍵字的貼文應該能引起他們的興趣。另外，以正文的重點、欲傳達事項的摘要，或是時事要素作為標題的話效果也很不錯。除此之外，刻意使用口語化標題，或是有點聳動的標題，可更加吸引粉絲或朋友的注意。

各位不妨先嘗試各種類型的標題，慢慢找出適合自己的粉絲專頁或個人帳號目標族群的標題類型。

53

「不可以發布」的5種貼文

本章已說明完跟Facebook行銷的「教育」、「銷售」、「維持」有很大關聯的「貼文」所需的訣竅、技巧和觀念。我想在最後做個總結，為大家介紹5種個人認為**「不該發布在Facebook上的貼文」**。

①內容消極悲觀、給人負面印象的貼文

有些人會把Facebook貼文當成宣洩壓力的管道，可是**沒有人在看了消極悲觀的貼文後，還能擁有好心情**。此外，就算貼文內容本身並不消極悲觀，**撰寫時也要盡量避免使用給人負面印象的詞彙或文章**。舉例來說，假設有一間店面的某

些部分正在重新裝潢，請看看以下2段文章，哪一種比較讓人想按讚，而且印象也不錯呢？

・「目前店內的某些地方正在重新裝潢，給顧客造成很大的困擾了。」

・「目前店內的某些地方正在重新裝潢。不曉得完工後會是什麼樣子，真讓人期待。」

不用說，當然是後者吧？前者的文章比較適合用來當成「貼在店內的公告」，如果要放在Facebook上就顯得不太恰當了。另外，有些小細節也要特別留意。比方說我經常在文章結尾使用「請～」這個詞，但在Facebook上我都是寫成「～ください」，而不用「～下さい」這種寫法。因為「下」這個字，比較容易給人負面的印象。

若是想撰寫出適合發表在Facebook上的文章，就只能一面觀察粉絲或朋友的反應同時一面發布貼文，從每天的運用當中獲得心得。當然，只要是人都會有遇到不愉快的事或感到心情沮喪的時候。雖然我在前面說過，原則上不應該發布帶有負面印象的貼文，不過假如你實在很想抒發心情，取得他人的共鳴，那就請在帶有負面印象的文章之後，**補上帶有正面印象的文章為貼文作結**。好比說以下的文章：

「今天上門光顧的客人真的好多，感謝大家的捧場。本日要反省的地方是，客人的等待時間比平常還久。為了提供令所有顧客滿意的服務，我們會好好調整店內的體制，今後還請大家繼續支持指教！」

文章的主題是「反省」，因此帶有負面印象，但是字裡行間卻感受得到發文者抱持樂觀的態度，準備朝著「提供更好的服務」這個目標改進的心情。畢竟**「社群網站上的印象＝現實世界裡的印象」**，撰寫文章時要小心別給自己加上負面印象。

②不適合給別人看到的文章

不想給特定人物看到之類，在公開發表上有其困難的文章，可以說本來就不該發布在Facebook上。Facebook是開放性質的社群網站，請先有這樣的自覺再發布貼文。

③政治言論或宗教話題

假如你從事的是需要建立品牌的職業，談論政治或宗教的話題倒是無妨，但一般店家或企業的Facebook行銷並不需要觸及這類話題。畢竟這類領域很敏感，個人認為盡量不要接觸比較好。

④感覺不到人情味的運用方式

要避免對朋友的貼文，回以跟貼文內容毫無關係、只為了將他人導向自家網站的留言，也別像個機器人般每天發布感覺不到人情味的制式貼文。有些人會對制式貼文回以同樣的制式留言，建議大家盡量不要採取這種運用方式。用戶使用Facebook的目的，是為了與朋友交流，或是從自己加入的粉絲團獲得資訊。如果在這樣的平台上，持續像個機械般發布感覺不到人情味的貼文或留言，粉絲或朋友自然會離你而去。千萬別忘了**「對方同樣是人」**。

⑤自我中心的貼文

我在前面的章節也數度提醒過，別不管閱讀貼文的粉絲和朋友，自顧自地發布「想宣傳才宣傳」、「自己有空才在那個時間發文」這類**「自我中心的貼文」**。**發文時請配合粉絲或朋友這些自家商品或服務的目標對象**，例如「宣傳之前要先公開前面的過程」、「設定排程讓貼文在粉絲或朋友看得到的適當時間發布」等等。如此一來，便能使Facebook行銷獲得成果。

其實仔細想想，這些都是理所當然要避免的事。但是，在輕輕鬆鬆就能發布資訊的Facebook上，發這類貼文的人卻出乎意料的多，所以還是要請大家多多留意。在非Facebook的網站上發文也要注意這些事，畢竟在網路世界裡，**他人是藉由你發布的內容來評判你這個人**。要抹去別人已對你留下的印象並沒那麼容易。

所以，發文時別忘了考量「別人是怎麼看待自己的」。

COLUMN

了解 Facebook 的想法

第4章談到了動態消息的演算法則。若要更深入了解這個部分，各位不妨想一想，為什麼貼文不是以單純的時間順序排列，而要設立「親密度」和「權重」這些基準呢？

其實只要你了解Facebook的想法，便能看出答案為何。

Facebook當然不樂見用戶人數變少。因此，Facebook才會盡可能在動態消息上，顯示出對各用戶有所幫助的資訊。畢竟若顯示出來的全是該用戶不感興趣的貼文，他就會覺得「Facebook好無聊」而離開。

於是，為了判斷該用戶對什麼樣的（誰的）貼文感興趣（＝什麼樣的貼文對這名用戶有益），Facebook便設置了**「親密度」**這項基準；為了優先顯示獲得許多用戶回應的貼文（＝可能對多數用戶有益的貼文），才有了**「權重」**這項基準。

Facebook就是用這樣的方式，優先顯示它認為對各用戶有益的資訊。

為了讓用戶繼續使用下去，Facebook天天都在進行改善。未來這些改善將對我們的生活帶來什麼樣的改變呢？今後依然要持續關注Facebook的動向。

CHAPTER 05

觀摩Facebook行銷的「有效貼文範例」

54

Facebook貼文的「3種作用」

上一章介紹了4種貼文類型。在Facebook行銷上，這4種貼文皆有3種作用，分別是**「教育」**、**「銷售」**和**「維持」**。請各位回想一下Facebook行銷的全貌圖（參照第151頁）。

Facebook行銷的所有貼文，都與**「銷售」**商品一事有直接或間接的關係。除此之外，還具有**「教育」**和**「維持」**這2種作用。前者是將自己的商品或服務灌輸到粉絲或朋友的記憶裡，使他們在有需求時想起自己繼而促成銷售；後者是讓買過商品或服務的顧客成為回頭客。

本章要為大家介紹實際的貼文範例。不過，在觀摩範例之前，請各位先複習上一章介紹的4種發文類型，並了解這些貼文在「教育」、「銷售」、「維持」等階段上發揮了什麼作用。

①分享生活型貼文的作用

「分享生活型貼文」是不帶宣傳色彩，純粹分享生活大小事或展現自我，以獲得粉絲或朋友共鳴的貼文。在「教育」階段上，它的作用是協助目標對象從嗜好或家人等層面發掘彼此的共同點，繼而**建立信賴關係或產生親近感**。在「維持」階段上，它的作用是**提高有過接觸的顧客其熱愛度與信賴度**。分享生活型貼文就是藉著上述的作用，間接影響「銷售」。

分享生活型貼文，是4種貼文當中最容易獲得回應的類型。因此，從邊際排名等動態消息的演算法則來看，在直接宣傳型貼文之類不易獲得回應的貼文前後發布效果較佳。

②提供資訊型貼文的作用

「提供資訊型貼文」，是分享粉絲或朋友想要的有益資訊之貼文。在「教育」與「維持」這2個階段上，提供知識**有助於拉高熱愛度和信賴度**。除此之外，如果用戶能感受到「這個專頁的貼文讓人獲益良多」這項好處，同樣能對品牌化帶來直接的幫助，亦可成為用戶繼續追蹤的理由。

③間接宣傳型貼文的作用

「間接宣傳型貼文」是Facebook行銷的主要貼文類型，表面上宣傳色彩極低，看起來很像分享生活型貼文，但目的確確實實是宣傳沒錯。在「教育」階段上，這種貼文具有布局的作用，亦即持續藉由公開商品或服務推出前的過程等方式提及商品名稱或服務名稱，但又壓低貼文的宣傳色彩，等到**潛在顧客有需求時便能促成「銷售」**。在「維持」階段上，則具有**避免顧客忘記自家商品或服務的作用**。

④直接宣傳型貼文的作用

最後是「直接宣傳型貼文」。這是以宣傳商品或服務為目的、宣傳色彩強烈的貼文，具有**促使處於「教育」與「維持」階段的粉絲或朋友邁入「銷售」階段的作用**。

以上4種貼文類型的效果，皆因潛在顧客或顧客所處的階段而異。

從下一節起，我將以自己的貼文，還有請我擔任社群網站諮詢顧問的企業等，經發文者同意可刊登在本書中的貼文實例，為大家介紹這些貼文能帶來什麼樣的成效。各種貼文類型的定義與作用，已在前面的章節數度說明過，所以下一節起我會省略這部分，把焦點放在事例的介紹上。

55

「分享生活型貼文」範例①
利用私生活感引發「共鳴」

首先介紹「分享生活型貼文」的範例。請看下一頁我實際發在自己個人帳號上的貼文（https://www.facebook.com/sho.sakamoto.323）。

這是一篇會讓人覺得「誰會有興趣啊？」，**完全是關於私生活的貼文**（笑）。不過，在社群網站上這類貼文的反應卻出奇的好。這篇貼文的按讚數，甚至是一般間接宣傳型貼文的2倍以上。邊際排名因此上升了不少，結果有許多用戶都接收到這篇貼文。

這篇貼文的重點是**「孝親」**與**「共鳴」**。不少人在看過貼文後，回了「我也邀媽媽吃頓飯好了」、「我打算去探望奶奶」之類的留言。由此可以看出，這篇貼文帶給了朋友良好的刺激，促使他們展開孝親行動。其實不光是「孝親」，**只要貼文內容能夠引發任何人的共鳴，讓人覺得「我也是……」，粉絲或朋友的反應就會非常好**。

■「分享生活型貼文」範例①

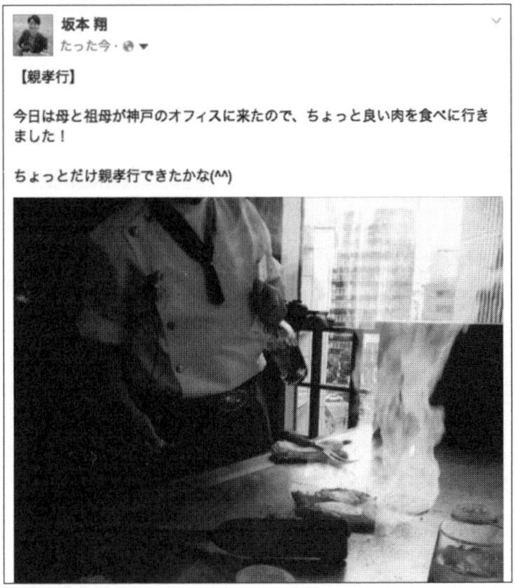
坂本 翔
たった今・
【親孝行】
今日は母と祖母が神戸のオフィスに来たので、ちょっと良い肉を食べに行きました！
ちょっとだけ親孝行できたかな(^^)

上圖內容中譯：
【孝親】
今天我媽和祖母來神戶的事務所找我，於是我們去吃了好一點的肉！
我應該有稍微孝順到她們吧 (^^)

我經常發布這類以家人為題材的貼文，事業夥伴當中也有人很愛看我發的這類貼文。那名夥伴是一位事業非常成功的人物，之前問他為什麼想跟我合作時，他說：「原因除了能在事業上產生綜效外，我也很喜歡你那些有關家人的貼文，重視父母的人不會是壞人，而且你的孝心也很讓我感動。」乍看之下這類貼文只是擷取了平凡無奇的日常情景，事實上還具有出乎意料的效果。

接下來請看我經營的「行政書士事務所23」粉絲專頁（https://www.facebook.com/a.s.office23）裡，另一篇分享生活型貼文（上圖）。

■「分享生活型貼文」範例②

行政書士オフィス２３
たった今・
【スタッフからの刺激】
スタッフの松波くん、今日も頑張って仕事をしてくれています。
もっと面白い仕事を経験させてあげられるように、いろいろ頑張らないといけないなと、いつも逆に良い刺激をもらっています。
行政書士オフィス２３代表　坂本翔

上圖內容中譯：

【來自員工的刺激】

員工之一的松波，今天也很努力工作。

他的工作身影每次都能帶給我良性的刺激，我也得多加把勁，讓他能夠體驗到更有趣的工作。

行政書士事務所 23 代表人　坂本翔

這篇分享生活型貼文，是藉由陳述身為代表人的我對於員工的看法，**展現出我對工作抱持的樂觀進取態度**。行政書士事務所23經辦的業務，有辦理公司設立登記、申請營業許可，以及申請開業後需要的補助金或融資等事宜，客戶大多對自己的將來抱持明確的願景。我認為這類目標明確的客戶，會想把工作委託給看起來很積極、能提供良好刺激的事務所，所以才利用貼文強調這個部分（行政書士事務所23 http://kigyou.office23.info）。

第5章就是以這樣的方式來介紹實際的貼文。

下一節要看的是，我的客戶於粉絲專頁發布的「分享生活型貼文」。

56

「分享生活型貼文」範例②

利用帶有人情味的貼文產生「親近感」

接下來要介紹的是，請我擔任社群網站諮詢顧問的三田屋本店股份有限公司，發布在粉絲專頁「三田屋本店─安逸之鄉─」（https://www.facebook.com/sandaya.honten）中的貼文。此篇貼文已於刊登前取得店家同意。

三田屋本店股份有限公司，是以「全球首間設有能劇舞台的牛排館」聞名的企業，營業範圍以關西圈為主；該公司使用傳統的「三田青瓷」作為餐具，提供十分講究的里肌火腿和黑毛和牛牛排（三田屋本店股份有限公司 http://www.

sandaya-honten.co.jp）。

說到該公司運用Facebook的方式，**他們的間接宣傳型貼文數量高出一般的比例。此外，最近他們的分享生活型貼文發布頻率為每月2～3次**。上圖就是其中一篇分享生活型貼文。

■「分享生活型貼文」範例③

三田屋本店ーやすらぎの郷ー
たった今・
【文月】
七月に入り、空も夏らしくなってまいりました。

上圖內容中譯：
【文月】
進入七月後，天空也變得很有夏季的氣息。

由於牛排館以沉穩和風為賣點，他們便在貼文中發揮了其獨特的氛圍。在天空與樹木等自然景色的映襯下，照片流露出一股高雅的氣氛。

除此之外，「三田屋本店―安逸之鄉―」的粉絲專頁，還會不定期更新**工作人員的介紹**（請上粉絲專頁查看實際的貼文），這也可以歸類為分享生活型貼文。尤其對餐飲店而言，公布餐點是由什麼樣的人在什麼樣的地方烹調這類資訊，可帶給粉絲或朋友安心感與安全感，有助於提升他們對餐廳的印象。另外，展現自家公司的日常風景與介紹工作人員，等於是把工作人員拉進來一同經營粉絲專頁，因此這麼做也具有獲得適合自家公司的人才、降低員工離職率的成效。

由於三田屋本店看起來相當高級，過去時常令顧客「望而卻步」；自從他們開始運用Facebook，發布工作人員介紹之類的貼文後，便**縮短了他們與顧客之間的距離**，越來越常有顧客在店內跟工作人員打招呼。

發布這種完全感覺不到宣傳色彩的貼文，就能以融入Facebook的自然狀態，向粉絲或朋友宣傳自家公司的存在。

如果你的貼文全是宣傳型貼文，粉絲和朋友便會離你而去。辛辛苦苦利用廣告累積了數千個「讚」，觸及人數卻連按讚數的一半都不到的粉絲專頁出乎意料的多。若要避免這種情況，**請務必發布最為符合Facebook性質的「分享生活型貼文」**。

順帶一提，經常有剛開始使用Facebook的客戶或講座學員問我：「可以把個人帳號和粉絲專頁分成私人用與商業用嗎？」假如像這樣區分用途，私人用就會偏向於只發「分享生活型貼文」，商業用就會偏向於只發「宣傳型貼文」，如此一來就無法實現Facebook行銷了。**唯有用同一個帳號談論工作，並利用分享生活型貼文展現人情味，才能夠促成「銷售」**。

57

「提供資訊型貼文」範例 利用有益資訊「建立品牌」

本節要介紹的是「提供資訊型貼文」的範例。下一頁的範例，是發布在我管理的「次世代士業社群『士業團』」粉絲專頁（https://www.facebook.com/shigyodan）上的貼文（士業團 http://shigyodan.com）。這個粉絲專頁的經營目的，在於提供士業團的成員以及非成員的士業人士有關行銷和社群網站的資訊，因此貼文有8成以上是提供資訊型貼文和間接宣傳型貼文。

在Facebook上，**文章過長的貼文往往沒有人會看**。因此，發布文章容易過長的提供資訊型貼文時，個人建議先**另外設個專欄發表文章，再以分享連結的方式發布貼文**。先在Facebook上以用戶較能看下去的文量寫出結論，再用「想知道詳情或原因的人請上這個網站」之類的說明，將讀者引導至另一個網站，如此一來你的提供資訊型貼文就變得既簡潔又容易讓人閱讀下去。

■「提供資訊型貼文」範例①

次世代士業コミュニティ『士業団』
たった今・

【SNSの投稿に適した時間帯】

皆さんはSNSに投稿をするとき、時間を意識していますか？

フィードが時系列のTwitterやInstagramはもちろん、純粋な時系列ではないFacebookでも、投稿に適した時間帯に投稿するだけで、そうではない時間帯に投稿したものと比べてリーチの伸びが変わってきます。

投稿に適した時間帯、それはズバリ『21時〜22時』です！

21時〜22時が投稿に適している理由はこちら
→http://ameblo.jp/genxsho/

上圖內容中譯：
【社群網站的適當發文時段】

各位在社群網站上發文時，都會注意時間嗎？

除了依時間排序的 Twitter 和 Instagram 之外，非單純依照時間排序的 Facebook，同樣只要在適當的時段發文，就能使觸及人數高於在不適當時段發布的文章。

單刀直入地說，適當的發文時段就是「21 點～ 22 點」！

21 點～ 22 點適合發文的原因請看這裡
→ http://ameblo.jp/genxsho

下一頁的範例，同樣屬於提供資訊型貼文。這篇貼文是利用外部部落格的同步發表功能，在Facebook的個人帳號上發布部落格的文章連結。提供範例的石下貴大先生，其部落格的人氣堪稱士業第一，他總是將部落格的文章同步發表到Facebook上，藉此吸引許多Facebook用戶點閱（行政書士法人GOAL石下貴大先生的部落格http://ameblo.jp/fc-ishige/）。

發布提供資訊型貼文的目的，是想**藉由提供於「集客」階段縮小範圍的目標粉絲或朋友可能感興趣的資訊**，達到「教育」與「維持」階段的品牌化效果。

舉例來說，假如是像我的士業團那般粉絲以同業人士為主的粉絲專頁，就提供這些粉絲高度關注的「社群網站集客法」或「關於行銷」之類的資訊。

■「提供資訊型貼文」範例②

上圖內容中譯：
【部落格更新了】
「■士業的行銷」
我是藉由支援環保類新創公司為未來留下更美好環境的環保行政專家，銀座行政書士法人 GOAL 的石下！感謝您造訪我的部落格！！行政書……

假如是跟法律有關的粉絲專頁，就提供「與法律有關的小知識」；假如是跟美容有關的粉絲專頁，就提供「簡單的皮膚保養方法」或「關於髮型的資訊」；假如是跟服飾有關的粉絲專頁，就提供「流行的穿搭」或「衣物的保養方法」；假如是跟飲食有關的粉絲專頁，就提供「當季食材介紹」或「在家也能輕鬆做的食譜」等等。發布提供資訊型貼文時，請提供粉絲或朋友這些自家商品或服務的潛在顧客應該會喜歡的資訊。

58

「間接宣傳型貼文」範例①

「不著痕跡地加入」商品名稱或服務名稱

接下來是「間接宣傳型貼文」。首先請看下一頁的範例，這是我在自己的個人帳號上發布的貼文。此篇貼文的目的是宣傳我管理的士業團。不過，畢竟這是間接宣傳型貼文，因此文中雖然有提及「士業團」這個服務名稱，卻**沒寫出費用或網站網址等會被視為直接宣傳型貼文的文句**。話雖如此，這並**不是只為報告「講座結束了」的分享生活型貼文，此篇貼文是藉著告知想宣傳的服務名稱和該服務的現狀，達到間接宣傳的效果**。事實上，真的有同業人士看了這篇貼文後，發訊息問我士業團的詳細資訊，並在之後加入士業團。

再來要介紹的同樣是我本身的例子，這是發在行政書士事務所23粉絲專頁上的貼文（請看第195頁）。這篇一樣提到了「設立公司」、「製作網頁」等商品或服務的名稱，但內容全圍繞在「提前為客戶慶祝而去吃飯」這件事上，所以不算是直接宣傳型貼文。

「間接宣傳型貼文」範例①

坂本 翔
たった今・
【セミナー終了】
今日のセミナーに参加してくださった皆さん、ありがとうございました(^^)
先週の関東士業団に続き、今日は関西士業団の仲間が３名増えました！
士業団を日本一の士業コミュニティにしていくぞ！！

上圖內容中譯：

【講座結束】

感謝今天來參加講座的所有學員(^^)

繼上週的關東士業團之後，今天關西士業團也增加了 3 名成員！

讓我們一同將士業團打造成日本第一的士業社群吧！

每天發布這類以宣傳為目的，卻又不帶宣傳色彩的貼文，可以將自己的商品或服務逐漸滲透至粉絲或朋友之間，當需求顯在化時他們就會想起來，繼而促成「銷售」。

另外，經營主體以公司

或店家居多的粉絲專頁，應該積極發布帶有「人的氣息」的貼文。例如下一頁的貼文範例那樣，放上已徵得客戶同意的照片，建議大家發文時要盡量加上看得到人的照片。

順帶補充一下，發在自家粉絲專頁上的貼文，之後也可以分享到自己的個人帳號上。自己分享自己的貼文感覺或許很怪，不過這麼做不僅可以衝高觸及人數，也能給邊際排名帶來良好影響。假如你的貼文內容適合發在個人帳號和粉絲專頁上，請一定要試試看這個做法。

■「間接宣傳型貼文」範例②

行政書士オフィス２３
たった今・

【前祝い】

皆さん、こんばんは！
行政書士オフィス２３代表の坂本翔です(^^)

今日はお客様の会社設立日なので、昨日うちのスタッフと一緒にお客様の前祝いで食事に行ってきました！

これまで行政書士として何社も会社設立に関わってきましたが、現在25歳の自分より年が下のお客様は初めてでした。

ウェブ制作も依頼してくださったので、長時間いろいろと打ち合わせを重ねたこともあり、感慨深いというか、いつもと少し違う感覚です。

これからいろんな仕事でジョイントしていければと思います(^^)/

上圖內容中譯：

【提前慶祝】

大家好！
我是行政書士事務所 23 的代表人——坂本翔 (^^)

今天是客戶的公司成立日，昨天我跟員工提前為客戶慶祝，大家一起去吃飯！

身為行政書士的我之前經辦過好幾間公司的設立事宜，不過我還是第一次遇到比現年 25 歲的自己更加年輕的客戶。

由於客戶還委託我們製作網頁，雙方花了很長的時間進行各種討論，此刻的心情該說是感觸良多嗎，總之感覺跟平常有點不一樣。

希望今後雙方在工作上能有各種合作的機會 (^^)/

59

「間接宣傳型貼文」範例②
簡要敘述對商品的「堅持」

接下來要看的間接宣傳型貼文範例，是在分享生活型貼文那一節介紹過的「三田屋本店─安逸之鄉─」的貼文。下一頁的範例，是**以商品介紹的形式寫成的，貼文不僅簡要敘述對商品的堅持，還附上了照片**。實際上這篇貼文，獲得了許多諸如「這款沙拉醬應該超好吃吧」、「這在哪裡買得到？」之類的留言和分享，雖然沒使用Facebook廣告，觸及人數卻高達當時粉絲人數的3倍以上。

由於是商品介紹風格的貼文，讀者或許會感覺到一點宣傳色彩，不過正文並無標示價格，或是引導讀者至外部網站購買商品之類的明確宣傳。**整篇貼文只有一躍入視野便能看完的簡短文章和照片**，這是最容易獲得回應的貼文類型。

據說這篇貼文發布之後，隨即有用戶透過粉絲專頁標示的官網網址或Facebook訊息，詢問或訂購這款沙拉醬。

■「間接宣傳型貼文」範例③

三田屋本店ーやすらぎの郷ー
たった今・
【ハム用ドレッシング】
当店のドレッシングは、主に人参とセロリを使用し、ハムを美味しく召し上がっていただくために生まれたオリジナルのドレッシングです。

上圖內容中譯：
【火腿用沙拉醬】

為了讓火腿吃起來更加美味，本店自行研發了這款以紅蘿蔔和芹菜為主要材料的沙拉醬。

如果是飲食、美容、服飾這類價格能夠刺激衝動購物的商品或服務，有時也能利用Facebook實現這種立即見效的營業方式。

順帶一提，**粉絲想在飲食類粉絲專頁上看到的是，附上食物照片的貼文**。如同本節的「三田屋本店—安逸之鄉—」

貼文範例那樣，與食物有關的貼文很容易獲得留言之類的回應，而且還可以透過留言跟粉絲交流。留言能對邊際排名的親密度、權重及經過時間帶來良好影響，因此也時常能夠直接促成銷售。各位在發文時，記得站在粉絲或朋友的立場思考，設法撰寫出容易獲得「讚」或「留言」的貼文。

由於間接宣傳型貼文，是Facebook行銷的主要貼文類型，接下來我還要再為大家介紹幾個範例。下一頁的範例，是我發在個人帳號上的貼文，各位看得出來這篇間接宣傳型貼文的目的是什麼嗎？

這篇是**以「宣傳新書」為目的，公開發售前過程的貼文**。本書發售之前，我都在自己的個人帳號上持續發布這類間接宣傳型貼文。由於我一直透過貼文公開本書完成之前的過程，在這段漫長的時間內真的有很多粉絲與朋友幫我按讚，也收到許多諸如「恭喜你出書」、「我絕對會買，到時請幫我簽名！」之類的打氣留言和訊息。請容我借這個地方向大家道謝。真的很感謝各位對我的支持和鼓勵。

■「間接宣傳型貼文」範例④

坂本 翔
たった今・
【出版に向けて】
今日は一日、初校のチェックを行っています。
２月１９日の出版に合わせて、新しい企画のリリースなど全てのスケジュールが動いているので、ここでつまずくわけにはいかない！
がんばるしかない！

上圖內容中譯：
【朝著出版邁進】

今天一整天都在進行初校。

為配合 2 月 19 日新書上市，新企劃的推出等所有的計畫都動起來了，我可不能在這裡停滯不前！

只能繼續加油了！

像這類公開商品發售前過程的貼文，同樣屬於間接宣傳型貼文。下一節我再為大家介紹另一個這種類型的貼文範例。

60

「間接宣傳型貼文」③逐步公開過程提高「期待感」

下一頁的範例，是請我擔任社群網站諮詢顧問的吉他&貝斯工坊Sago New Material Guitars，於粉絲專頁「Sago New Material Guitars」（https://www.facebook.com/sagonmg）上發布的貼文（Sago New Material Guitars http://www.sago-nmg.com）。

這篇是用來**公開新商品推出過程的貼文**。通常在發布這類貼文的幾天之後，便會發布記載商品詳情的直接宣傳型貼文。

運用這種公布直接宣傳型貼文發布前過程的間接宣傳型貼文時，即便實際上所有的事宜皆已拍板定案，商品隨時都可以推出，也**不要一次公開全部的資訊**。**一點一點放出消息提高期待感**，同樣是一種引導粉絲或朋友購買商品的重要技巧。

■「間接宣傳型貼文」範例⑤

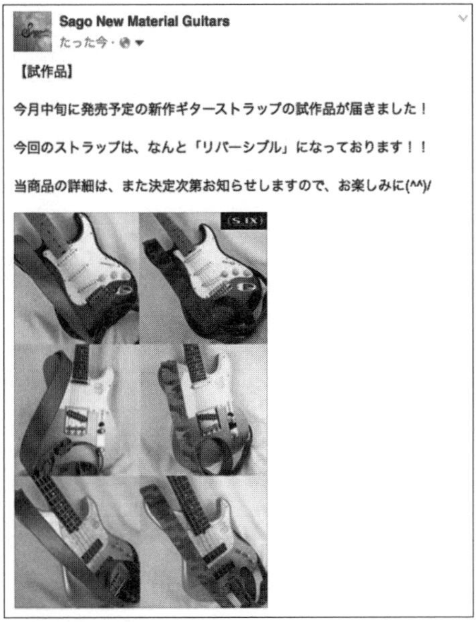
Sago New Material Guitars
たった今・
【試作品】
今月中旬に発売予定の新作ギターストラップの試作品が届きました！
今回のストラップは、なんと「リバーシブル」になっております！！
当商品の詳細は、また決定次第お知らせしますので、お楽しみに(^^)/

上圖內容中譯：
【樣品】

預計在本月中旬發售的新款吉他背帶樣品終於送來了！

這次的背帶，居然是「雙面兩用款」！！

有關本商品的詳細資訊，我們會在確定之後立即公布，敬請期待 (^^)/

接著介紹另一個範例。下一頁的貼文，同樣歸類為間接宣傳型貼文。這是我向Sago New Material Guitars訂製樂器時，他們在粉絲專頁上發布的貼文。像這樣**不帶宣傳色彩地呈現作**

■「間接宣傳型貼文」範例⑥

右圖內容中譯：
【製作護板①】

主辦獨特音樂會「士業 × 音樂＝ live」的行政書士坂本翔先生，委託我們製作貝斯的護板。在徵得本人的同意後，今天起我們將陸續 PO 上護板的製作過程 (^^)

「士業 × 音樂＝ LIVE」PV
https://youtu.be/sYhJQmIMDD8

首先要製作護板的治具！

拆下拾音器等部分後，在透明膠膜上勾勒出護板的形狀。

接著掃描至電腦裡，利用這個圖檔製作治具。

將打印輸出的圖檔貼在膠合板上，然後處理外圍的部分。

先用帶鋸裁切出大致的形狀，再用帶式砂磨機加以修飾（細節部分則改以手工磨削，使外圍的曲線更加滑順）。

拾音器的部分得配合琴身的凹槽，因此等護板製作完成後才進行處理。

以上就是護板的製作流程！

至於後續的製作過程，敬請期待下回更新 (^^)/

Sago New Material Guitarsさんが新しい写真7枚を追加しました
たった今・

【ピックガード製作①】

本日から、「士業×音楽＝live」という珍しいイベントを主催されている行政書士の坂本翔さんのベースのピックガード製作について、ご本人に許可をいただいたので投稿していきたいと思います(^^)

「士業×音楽＝LIVE」PV
https://youtu.be/sYhJQmIMDD8

まずは、ピックガードのジグを完成させました！

ピックアップなどを外して、透明のフィルムにピックガードの形状を書きます。

それをスキャンして作成したデータをもとにジグを作ります。

ベニヤ板にプリントアウトしたデータを貼り付け、外周を加工していきます。

バンドソーで大まかに切り出し、ベルトサンダーで形を整えます（細かい部分は手作業で削り、外周のカーブを滑らかにします）。

ピックアップ部分はボディのザグリに合わせるので、ピックガード製作後に加工します。

このような流れでピックガードを製作していきます！

この続きはまた次回をお楽しみに(^^)/

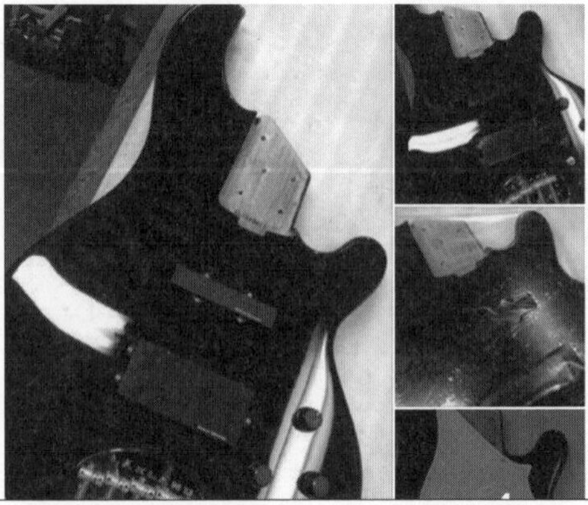

業情形，不只能在顧客有需求時促成銷售，也可使**潛在顧客的需求顯在化**，萌生「維修或訂製找他們就對了」的想法。

人是一種凡事都想自己作主的生物。發文時不能使用強迫推銷似的表達方式，你**必須設法讓粉絲或朋友主動展開邁向銷售階段的行動**。間接宣傳型貼文就是在這種時候派上用場。

以**超過整體4成的比例定期發布**間接宣傳型貼文，讓自家商品或服務滲透至粉絲或朋友心中並與他們交流，即可在他們產生需求時促成銷售。

下一節要看的是，引導粉絲或朋友邁向銷售階段時，所使用的直接宣傳型貼文。

61 「直接宣傳型貼文」範例 全力「宣傳」導向銷售階段

終於來到本章的最後一節。最後要看的是「直接宣傳型貼文」。前面介紹的3種貼文類型，都對「銷售」採取被動態度；本節介紹的直接宣傳型貼文，則可由我們主動促請顧客採取邁向「銷售」階段的行動。運用直接宣傳型貼文的時機，**最常選在發表新商品或服務的時候**。本章就為大家介紹，於新服務或新商品推出時發布的貼文實例。我們立刻來看第1篇範例。

本頁的範例，是我於Facebook講座的網站上線後發在個人帳號上的貼文，並於此時開始受理報名（這篇貼文發布不到1個小時就有5人報名，之後同樣陸續有人報名參加）。

跟間接宣傳型貼文不同的是，直接宣傳型貼文會明確標示「請至這裡查看詳情或報名」之類的文句，引導讀者前往外部的銷售網站。這篇貼文的正文並未直接載明服務的詳細資訊，而是引導讀者前往外部網站查看，不過直接宣傳型貼文也是可以直接在文中載明詳情，即使文章會變得很長也沒問題。

■「直接宣傳型貼文」範例①

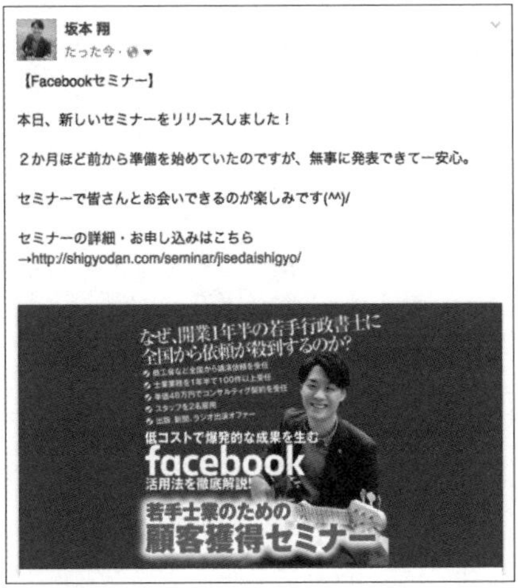

上圖內容中譯：

【Facebook 講座】

新的講座於今日正式推出！

我從 2 個月前就在籌備相關事宜，今天能夠順利發表消息讓我暫時鬆了一口氣。

期待在講座上見到大家 (^^)/

請到以下網頁查看講座的詳情或報名
→ http://shigyodan.com/seminar/jisedaishigyo

原因在於直接宣傳型貼文，是先公開商品或服務推出之前的過程，等引起粉絲或朋友的興趣之後才發布的貼文。這篇範例也是如此，**在發布貼文之前我一直使用**

間接宣傳型貼文，公開服務推出之前的過程。所以當我發布這篇貼文後，立刻就有人報名參加。

如同前述，**過於突然的直接宣傳型貼文會造成反效果**。發布直接宣傳型貼文之前，請先**發文公開前面章節介紹過的「過程」**，例如對商品或服務的想法、製作過程、準備情形等等。藉著公開商品或服務推出之前的過程，讓粉絲或朋友對此具備一定程度的知識後，他們就會願意查看直接宣傳型貼文。而且，即使貼文的正文很長，他們也大多不排斥閱讀詳細的資訊。

有些時候，粉絲或朋友當中也有人會在公開過程的期間產生極大的興趣，因而一直在等我們發布直接宣傳型貼文。上一節也介紹過的Sago New Material Guitars，就很善於替他們的粉絲專頁營造出「粉絲一直在等這個專頁的直接宣傳型貼文」的狀態。請看第207頁的貼文範例。

礙於篇幅的關係，我無法將有關吉他製作過程的貼文放進本書裡。不過，他

■「直接宣傳型貼文」範例②

Sago New Material Guitars
たった今・

【桜村眞NEWモデル完成！】

桜村 眞（和楽器バンド Guitar：町屋）氏のNEWモデル『虎徹』が完成しました！

ホンジュラスマホガニー1Pのボディに、パール塗装の今回の仕様には、綺麗な桜が描かれております。

これまでのギター同様この『虎徹』も、桜村氏のこだわりが詰まった美しい一本に仕上がりました。

『虎徹』の詳細はこちら
→http://www.sago-nmg.com/artist/detail/51/

『虎徹』のご購入やお問い合わせはこちら
→http://www.sago-nmg.com/contact/

上圖內容中譯：
【櫻村真新作完成！】

櫻村真（和樂器樂團 Guitar：町屋）先生的新作「虎徹」終於完成了！

此款琴身是用整塊宏都拉斯桃花心木製成，以珍珠漆上色，並用美麗的櫻花點綴。

跟之前的吉他一樣，這把優美的「虎徹」同樣充滿了櫻村先生的堅持。

有關「虎徹」的詳細資訊請至以下網頁查看
→ http://www.sago-nmg.com/artist/detail/51/

訂購或詢問請至以下網頁
→ http://www.sago-nmg.com/contact/

們在發布這種直接宣傳型貼文之前，都會先公開樂器的製作過程，於是粉絲便會很想知道最後將誕生出什麼樣的成品，陷入前述那種期待直接宣傳型貼文的心理狀態。

切記，**正因為有公開過程的間接宣傳型貼文，直接宣傳型貼文才能發揮它原本的效力**。除此之外，以宣傳活動為目的的貼文也算是直接宣傳型貼文。由於接下來是有關活動集客的章節，詳細內容請容我在下一章說明。

我在前面的章節也說明過，運用Facebook時原則上要避免帶有宣傳色彩。但是，要引導粉絲或朋友到達Facebook行銷的「銷售」階段，依然需要直接宣傳型貼文。為了讓粉絲或朋友在萌生「想知道更多詳情」、「想買這項商品」的念頭時，**能夠明確地決定接下來的行動，發布直接宣傳型貼文時請務必卯足全力宣傳**，記得在文中載明商品或服務的詳細資訊與銷售網站的網址等資料。

本章的4種貼文類型實例到此介紹完畢。雖然我只舉出特定業種的實例，不過Facebook行銷的基本流程、各類貼文的定義與效果、撰寫文章的方法等等，無論哪個行業都是大同小異。希望各位能參考並應用本書介紹的貼文，撰寫及發布符合自身行業的貼文。

我在正式運用Facebook之前，曾加入成果看似豐碩的大企業粉絲團，一再閱讀並研究他們的貼文；此外，我也會查看積極在Facebook上發文的個人帳號朋友的文章，並於瀏覽動態消息的同時想著「這是篇好貼文」、「換作是我就會這麼做」。這個習慣使我獲益良多，最後我自然而然就能寫出符合Facebook性質的文章。

請各位也要參考大企業或同業的粉絲專頁與個人帳號朋友的貼文，並且別忘了享受與粉絲或朋友的交流，然後按照本書傳授的適當方法持續發文。

順帶一提，其實我是刻意不拿擁有數十萬個「讚」的大企業帳號作為範例。雖然確實就如前面提到的，大企業的帳號有值得我們學習的地方，但要是因此覺得Facebook距離自己好遠反而會失去持續運用的動力，所以本書才會只舉我自己和客戶的實例供大家參考。

我希望「接下來要認真運用Facebook」、「之前都靠自己的方式運用，卻始終交不出成果」的人能夠覺得「自己也辦得到」，才盡量選擇切身的實例進行介紹，因此敬請大家參考本書，實踐Facebook行銷。

CHAPTER 06

Facebook行銷的「活動集客」方法

62

「活動集客」人人都辦得到

本章的主題是**「活動」**。「活動」包含各式各樣的種類，內容則因公司或店家的經營型態、販售的商品或服務而有很大的差異。此外，就算是乍看之下與活動沾不上邊的經營型態，只要花點巧思，仍然有辦法為活動招攬到人潮。

舉我主辦的「士業×音樂＝ＬＩＶＥ」（https://www.facebook.com/shigyo.live）為例。這個活動其實就是**「演奏會＋交流會」**，我找來以士業為首的經營者進行現場演奏，並邀請士業相關人士與經營者前來參加，大家一同享受現場的音樂表演，同時進行商業交流。

■行業與活動範例

行業	活動
美容院／全身美容沙龍	首次來店折扣優惠／介紹人折扣優惠
服飾店	換季時舉辦的特賣會
零售店	特定日舉辦折扣促銷／特定日點數加倍
餐飲店	使用當季食材的期間限定菜色／演奏或魔術等表演／在顧客面前進行的其他餘興節目
瑜伽教室／料理教室／補習班	免費體驗課程
士業／諮詢顧問	講座／學習會／交流會／潛在顧客可能感興趣的其他聚會

另外，我客戶的餐飲店會請演奏家**「彈奏鋼琴」**給顧客聽，有時還會邀請知名的音樂家舉辦**「晚餐秀」**，這些也都屬於活動的一種。

除了這類常見的活動之外，我定期舉辦的**「講座」**或**「學習會」**當然也算是活動。還有，瑜伽教室或料理教室之類的**「免費體驗課程」**、美容院或全身美容沙龍給客人的**「優惠」**、服飾店常見的**「特賣會」**等也都可以算是活動。

這些活動，是直接連結自家事業品牌的重要手段。此外，**大部分的活動，**

都屬於前述「銷售」階段的「前端商品」（參照第38頁）。舉我為例，講座也是直接連結「講師」這個品牌，促使顧客購買諮詢顧問服務或士業服務（後端商品）的前端商品。

瑜伽教室或料理教室的免費體驗課程，是用來吸引學生上課（後端商品）的前端商品；與美容或服飾有關的店家所舉辦的優惠活動或特賣會，同樣是先用較能吸引潛在顧客上門的價格攬客（前端商品），以期顧客日後依舊願意持續光顧（後端商品）。我自己也曾受到美容院的「首次限定優惠」宣傳活動吸引，而成為該店好幾年的老客人。相信大家也常常像這樣購買前端商品後，又接著購買後端商品。

換句話說，**如果要讓潛在顧客自然而然購買後端的商品或服務，較為有效的方法就是運用屬於前端商品的活動**。

不過，特地舉辦活動卻沒人參加的話也是枉然。沒人來參加活動（無法引導潛在顧客至銷售階段）的原因，其中之一就是**沒有執行「公開過程」這個步驟**。

我常常看到有些人毫無前兆就突然發布「明天將在○○（場所）舉辦□□（活動名稱），請大家一定要來參加！」這樣的貼文，告知大家自己要舉辦活動（直接宣傳型貼文）。相信已學過前述Facebook行銷知識的各位讀者，應該都曉得這樣的貼文是無法吸引人來參加的。臨時告知明天要舉辦活動，有些人可能會抽不出空檔參加；突然宣布要舉辦□□（活動名稱），粉絲或朋友看了也只是一頭霧水。切記，絕大多數的粉絲或朋友在看到這種貼文後，並不會因此感到興趣而主動詢問活動的詳情。

如果想吸引人潮，**就別自顧自地突然發布直接宣傳型貼文，事前要先利用間接宣傳型貼文一點一點地公開過程**。

舉我的「士業×音樂＝LIVE」為例，由於我持續發布公開過程的貼文，VOL.1有120名以上的觀眾到場（爆滿），VOL.2在預約階段就額滿了；VOL.3的現場觀眾超過200人，網路直播也有200名以上的觀眾收看，當天的總參加人數超過400人，此外還獲得10家企業贊助，更接到報紙和廣播節目的採訪邀約。這個活動**我完全沒花到半毛廣告費**。我沒花錢打廣告，只靠社群網站就能招攬到這麼多觀眾，而這項實際成績也促使我現在能以社群網站諮詢顧問的身分展開活動及出版本書。

當然，我也有架設用來刊登這些活動資訊的網站，不過網站的作用終究只是拿來管理報名者及報告當天的情況而已。至於吸引人潮的工具，則以Facebook的**「個人帳號」**和**「粉絲專頁」**，以及**「活動專頁」**為主。只要善加運用Facebook，就能為活動吸引人潮卻幾乎不用花到廣告費。

最後提醒一下，本章的主題「活動集客」中的「集客」，單純是指「吸引參加活動的人潮」這個意思，請別跟Facebook行銷的「集客」（第32頁）搞混了。下一節起，我們就來談談活動集客的全貌與貼文的注意事項。

63 活動集客分為「2個階段」

上一節提到「要成功吸引人潮參加活動必須先公開過程」，其實吸引活動人潮時應該公開的「過程」共有2個階段，分別是**「確定活動資訊之前的過程」**和**「活動當天之前的過程」**。你必須將活動開始前的過程，分為「確定活動資訊」和「活動當天」這2個階段，然後每天發文公布各個階段的過程。

現在請看下一頁的示意圖。**用來公開活動過程的貼文，以「間接宣傳型貼文」為主**，不過當中要記得穿插「分享生活型貼文」和「提供資訊型貼文」，可別因為是間接宣傳就全發這類型的貼文。然後，選在「確定活動資訊」、「活動的1個月前」、「活動的2週前」**這類恰當的時機，發布「直接宣傳型貼**

■活動集客的全貌

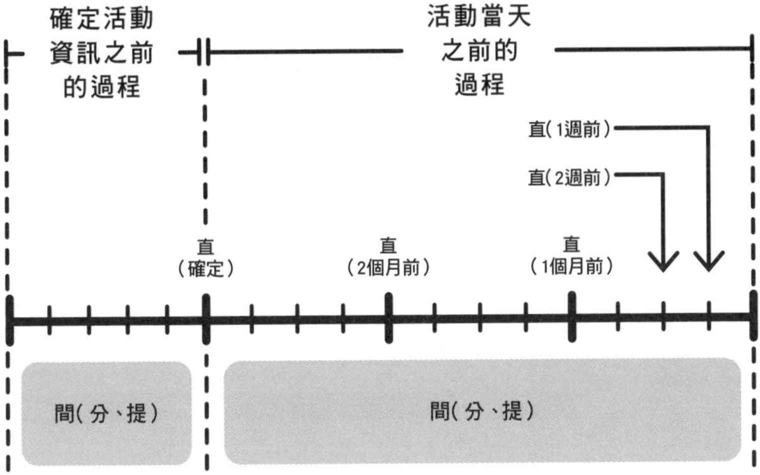
確定活動資訊之前的過程
活動當天之前的過程
直(1週前)
直(2週前)
直(確定)
直(2個月前)
直(1個月前)
間(分、提)
間(分、提)

文」。

首先為大家介紹，**公開「確定活動資訊之前的過程」的貼文**範例。第220頁上方（①）的範例是一開始發布的貼文，內容單純是告知大家「自己決定要舉辦活動」，不過請各位記住，**活動集客早在這個階段就已經展開了**。當你進入如第220頁上方（①）「打算舉辦活動」的階段後，便可以開始發布用來公開「確定活動資訊之前的過程」的貼文。接著請看第220頁下方（②）的範例，這篇是上面那篇貼文的後續。

就像這個樣子，**每次決定好必要**

■公開「確定活動資訊之前的過程」的貼文①

右圖內容中譯：
【致餐飲店老闆】

我打算在下個月，以餐飲店老闆為對象舉辦「Facebook集客講座」！

日期和場地等詳細資訊，我會在確定之後另行公布 (^^)/

我想參考各位的意見規劃講座內容，因此如果你有任何關於 Facebook 的疑問，歡迎利用訊息或留言告訴我。

期待各位的意見 ^^

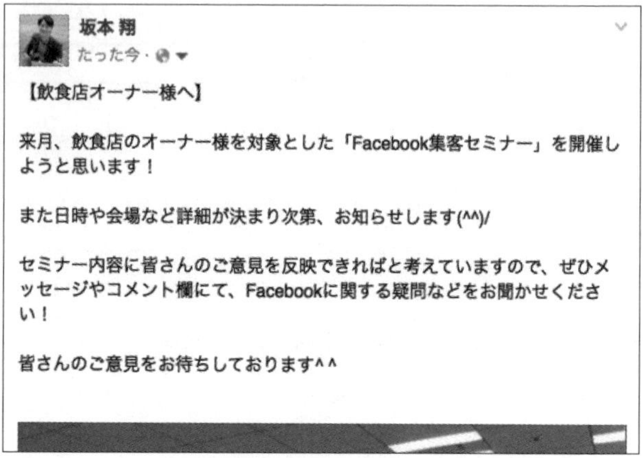
坂本 翔
たった今・

【飲食店オーナー様へ】

来月、飲食店のオーナー様を対象とした「Facebook集客セミナー」を開催しようと思います！

また日時や会場など詳細が決まり次第、お知らせします(^^)/

セミナー内容に皆さんのご意見を反映できればと考えていますので、ぜひメッセージやコメント欄にて、Facebookに関する疑問などをお聞かせください！

皆さんのご意見をお待ちしております^^

■公開「確定活動資訊之前的過程」的貼文②

右圖內容中譯：
【餐飲店的 Facebook 集客】

上次提到我想舉辦專為餐飲店老闆設計的「Facebook 集客講座」，而這場講座的日期和地點已經決定好了！

日期為 11 月 16 日，地點在神戶 (^^)

這次的講座，將公開我私藏至今的祕訣！

我希望來參加的都是真心想運用 Facebook 為店鋪招攬客源的人，因此名額暫定 5 名。

其他的詳細資訊，將在明天 21 點左右公布，敬請期待！

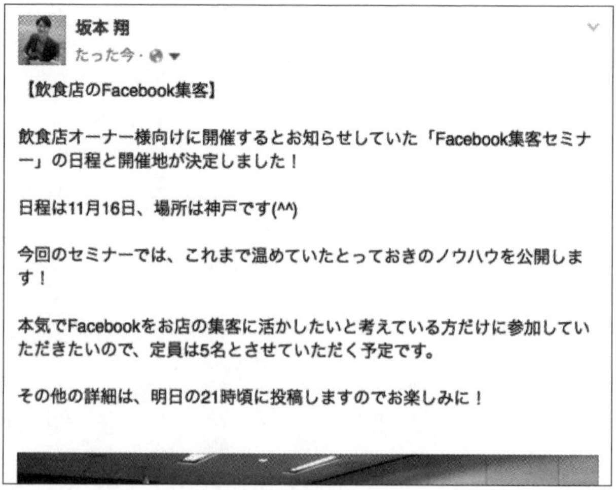
坂本 翔
たった今・

【飲食店のFacebook集客】

飲食店オーナー様向けに開催するとお知らせしていた「Facebook集客セミナー」の日程と開催地が決定しました！

日程は11月16日、場所は神戸です(^^)

今回のセミナーでは、これまで温めていたとっておきのノウハウを公開します！

本気でFacebookをお店の集客に活かしたいと考えている方だけに参加していただきたいので、定員は5名とさせていただく予定です。

その他の詳細は、明日の21時頃に投稿しますのでお楽しみに！

事項，就公開一部分的資訊。這個範例同時公布了日期和地點，其實你也可以將公布的過程分得比這篇範例還細，好比說分成2篇貼文個別公布日期與地點。以上就是公開「確定活動資訊之前的過程」的貼文。

如此一來，不僅可以提高考慮參加者的期待感，也能使需求尚未顯在化的潛在顧客產生興趣，慢慢地增加他們「想要參加活動」的意願。

等日期、地點、內容等必要事項都拍板定案，並且已用公開「確定活動資訊之前的過程」的貼文公布完這些資訊後，就在這個階段發布第1篇「直接宣傳型貼文」。

64 在「恰當的時機」公布詳細資訊

活動集客所用的「直接宣傳型貼文」，是指如下一頁範例那種記載活動必要事項的貼文。

運用Facebook時原則上要避免帶有宣傳色彩，不過如同前述，**發布「直接宣傳型貼文」時要卯足全力宣傳，因此務必在文中清楚告知活動的必要事項**。如果你發的是一篇不清不楚的通知文，即使有人想參加，也十分有可能發生「不知道如何報名」、「雖然有興趣，卻對活動內容沒什麼概念，因而不太敢報名」等狀況，或是讓好不容易報名的人溜走。

假如要運用稍後介紹的活動專頁，**你可以先在發布第1篇直接宣傳型貼文之**

■「直接宣傳型貼文(活動)」範例

坂本 翔
たった今・

【Facebook集客セミナー詳細発表！】

11月16日に、飲食店オーナー様向けに開催する「Facebook集客セミナー」の詳細を発表します！

このセミナーに参加していただくことで、複雑なニュースフィードの仕組みがクリアになり、自社内で適切なFacebook運用が可能になります。

皆さんもFacebookを使った「0円集客」を実現していきましょう！

「0円集客を実現！飲食店のためのFacebook集客セミナー」

日時：11月16日（月）15:00～17:30
場所：行政書士オフィス２３
（神戸市中央区東町116-2 オールドブライト405）
講師：坂本翔（SNSコンサルタント）
参加費：5,000円（税込）
定員：先着5名
お申し込み方法：下記のイベントページで参加ボタンを押してください。折り返し、担当者からメッセージをお送りいたします。

11月16日イベントページ
→https://www.facebook.com/events/123456789123456/

左圖內容中譯：
【發表 Facebook 集客講座的詳細資訊！】

今天要公布 11 月 16 日，以餐飲店老闆為對象舉辦的「Facebook 集客講座」詳細資訊！

只要參加這場講座，就能搞懂複雜的動態消息演算法則，以適合自家公司的方式運用 Facebook。

大家一起來運用 Facebook 實現「0 圓集客」吧！

「實現 0 圓集客！專為餐飲店設計的 Facebook 集客講座」

日期：11 月 16 日（一）15：00～17：30
地點：行政書士事務所 23（神戶市中央區東町 116-2 Old Bright 405）
講師：坂本翔（社群網站諮詢顧問）
報名費：5000 日圓（含稅）
名額：前 5 名報名者
報名方式：請至以下活動專頁點擊「參加」，隨後將有專人發送訊息給您。

11 月 16 日活動專頁
→ https://www.facebook.com/events/123456789123456/

前的期間建立好活動專頁，然後像上一頁的範例那般於貼文中標示網址。

另外，發布直接宣傳型貼文之前，建議各位先以「詳細資訊將於明天晚上9點左右公布！」這種方式提前告知大家，如此一來便能讓大家關注直接宣傳型貼文。

如同前述，先利用公開「確定活動資訊之前的過程」的貼文慢慢公布活動資訊，等到發布第1篇直接宣傳型貼文說明活動詳情後，便可**在「恰當的時機」發布直接宣傳型貼文**。「恰當的時機」是指「2個月前」、「1個月前」、「3週前」、「2週前」、「1週前」、「3天前」、「1天前」等時間點（參照第219頁）。之所以要選在恰當的時機發布直接宣傳型貼文，是因為如此一來你比較能夠以「距離活動只剩1個月，要告知大家活動詳情」這類理由，撰寫及發布「距離11月16日以餐飲店老闆為對象舉辦的Facebook集客講座，還剩1個月！」之類的貼文。

當然這段期間，除了要在恰當的時機發布「直接宣傳型貼文」外，還要穿插

「間接宣傳型貼文」與「分享生活型貼文」、「提供資訊型貼文」，**公開「活動當天之前的過程」**。切記，別把Facebook當成宣傳工具，只用直接宣傳型貼文發表活動資訊，而不要公開任何過程。下一節，我們就來談談公開「活動當天之前的過程」的貼文。

65

將讀者的焦點從「宣傳」上轉移開來

前面我按照時間順序，為大家介紹了公開「確定活動資訊之前的過程」的貼文，以及告知活動詳情的「直接宣傳型貼文」。接下來要談的是，**公開「活動當天之前的過程」的貼文**。

這種貼文並不是直接引導顧客報名的宣傳文，它只是藉由公開活動的準備情形這一類的消息，**告知讀者「目前正在進行跟活動有關的事」這項事實**。這種貼文屬於「間接宣傳型貼文」。請看下一頁的2個範例。

這種貼文的重點在於，**要將讀者的焦點從想宣傳的事項上轉移開來**。像上一頁的範例，假如撰寫文章時把焦點放在「11月16日的講座」、「2月8日的士業

■公開「活動當天之前的過程」的貼文①

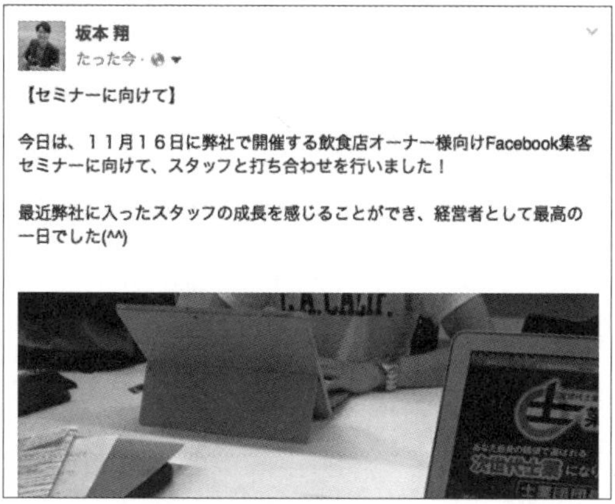
坂本 翔
たった今・
【セミナーに向けて】
今日は、11月16日に弊社で開催する飲食店オーナー様向けFacebook集客セミナーに向けて、スタッフと打ち合わせを行いました！
最近弊社に入ったスタッフの成長を感じることができ、経営者として最高の一日でした(^^)

左圖內容中譯：
【朝著講座邁進】

今天跟員工開會討論 11 月 16 日，於本公司舉辦的餐飲店 Facebook 集客講座的相關事宜！

開會時感覺到最近加入本公司的員工成長了不少，對身為經營者的我而言，今天真是最棒的一天 (^^)

■公開「活動當天之前的過程」的貼文②

坂本 翔
たった今・
【ライブに向けて】
今日は楽器店に来ました！
2月8日に大阪キャンディライオンで開催する「士業×音楽＝LIVE VOL.3」に向けて良い演奏ができるように調整していただきます(^^)/

左圖內容中譯：
【邁向演奏會】

今天去了樂器行一趟！

我請店家幫忙調整樂器的狀況，希望能在 2 月 8 日於大阪 KANDYLION 舉辦的「士業 × 音樂＝ LIVE VOL.3」上做出完美的演奏 (^^)/

×音樂＝LIVE VOL.3」上便會帶有宣傳色彩，所以要把讀者的注意力轉移到「開會討論」、「很高興員工有所成長」、「去了樂器行」等部分。

只要反覆發布這類貼文，便能在感覺不到宣傳色彩的情況下，將活動的日期、概要、活動名稱等最基本的資訊灌輸到粉絲或朋友的腦中。這種一直發到活動前1天的間接宣傳型貼文，即是公開「活動當天之前的過程」的貼文。

很快的，終於到了活動當天。當天主辦人與工作人員，肯定要忙著做眼前的準備或接待參加者，**所以沒必要自己發文**。像我主辦的「士業×音樂＝LIVE」這種現場活動，每次都是請參加者拍照發文並加上標註，如此一來我的臉友也能接收到活動的情形。

假如是店家舉辦的活動，不妨在**活動當天安排一些用不著自己出馬，參加者也會主動發文的誘因**，例如準備讓人忍不住想拍照的布景，或是提供打卡就送贈品的優惠等等。這些貼文也會散播至客人的臉友那裡，有助於日後的集客與銷售。

活動結束之後，要記得把當天的情形、給參加者的謝辭、下回的活動計畫等內容，連同當天的照片一起發布到Facebook上。

只要靈活運用前述的「用來公開過程的間接宣傳型貼文」，以及「在恰當的時機發布的直接宣傳型貼文」，即可透過Facebook為活動吸引人潮。下一節起，我們來談談運用Facebook活動專頁時的重點。

66 如何建立成效顯著的活動專頁？

Facebook具備「活動功能」，能夠建立記載活動詳情的**「活動專頁」**。當你確定了活動資訊後，若在發布直接宣傳型貼文時附上活動專頁的連結，即可建立能順利引導讀者報名參加的動線。從「活動」選單開啟如下一頁上圖的畫面，再輸入必要資訊即可建立活動專頁。

順帶一提，基本上活動專頁都要**設定期限**。沒有期限持續舉辦的活動，並不符合活動專頁的性質。這種時候，你就沒有必要勉強建立活動專頁。請你利用前面介紹的「貼文」為活動吸引人潮。

■建立活動專頁的畫面

建立活動專頁時，請先設定已決定好的日期和地點，接著設定**「活動名稱」**。此時輸入的名稱，將成為活動專頁的標題。假如是像我的「士業×音樂＝LIVE」那種定期舉辦的活動，相信活動本身同樣擁有粉絲支持，如果要提高活動的品牌力，最好使用固定的名稱。不過，假如是講座或店家的促銷活動這類，每次的主題都不同，要招攬的目標對象也不一樣的活動，**思考標題時就要留意「數字」和「目標對象」**。

舉例來說，我以前舉辦的講座，就曾以**「0圓集客！專為餐飲店設計的Facebook集客基礎講座」**作為標題。招攬客源的廣告宣傳活動通常都要花上一筆費用，因此我刻意用「0圓集客」這種跳脫常識的寫法，使人留下深刻印象。在這段標題當中，不只加入「0」這個令人印象深刻的數字，也明確點出了「餐飲店」這個目標。以下所列則是應用這個要點的範例：

●餐飲店

「男女雙人同行限量10組！頂級A5神戶牛聖誕大餐」

↓用「男女雙人同行限量10組」點出目標，並用「10組」、「A5」等數字營造視覺上的印象。

●服飾店

「白銀週限定特賣會！女士秋冬新作下殺20%～80%OFF！」

↓除了用數字表示折扣，並明確點出「女士」這個目標外，整段標題是用國字、數字、英文、符號組合起來，讓人看了不覺得乏味。

●瑜伽教室

「半年擁有逾300名學員，專為40幾歲女性設計的最新瑜伽免費體驗課程」

→用數字表現「半年逾300名學員」這項實績，也清楚點出「40幾歲女性」這個目標。

設定好日期、地點和活動名稱後，接著在活動專頁的「說明」欄位，輸入以下的事項。這個部分是對活動感興趣的用戶會查看的地方，所以要用較長的文章清楚說明活動的詳細資訊：

- **活動概要與活動旨趣**
- **參加這個活動能獲得什麼好處**
- **主辦人或講師介紹**
- **必要事項（日期、地點、名額、報名費等）**
- **報名方式**

·假如有另外設置官方網站就附上網址……等等

這裡再度提到了「日期」和「地點」，由於這2點非常重要，各位不妨貼心地在說明欄重新註明一次。另外，假使是「幾個人參加都OK」的活動，也**建議要設定「名額」**。設定名額可營造出「只有○人可以參加」的尊榮感，給集客帶來良好影響。至於**報名方式，則要避免設置太多種方法**。只列出1種或2種方式的話，比較容易讓考慮參加的人看懂。

還有，一定要**請參加者點擊活動專頁上的參加鈕**。只要按下參加鈕，資訊便會透過「○○會參加△△活動」的通知散播至參加者的朋友那裡；另一個好處是，參加人數越多，活動看起來越熱鬧。

另外，在公開「確定活動資訊之前的過程」的貼文全部發完後，到**發布「第1篇直接宣傳型貼文」之前的這段時間**，是建立活動專頁的最佳時機。為了能在發表第1篇直接宣傳型貼文時就刊登活動專頁的網址，請在發文之前就先建立好活動專頁。

67 將人導向活動專頁的「3種方法」

即使建立了活動專頁，要是沒人看到就等於白忙一場。想引導用戶前往活動專頁，可以使用以下3種方法：

①在直接宣傳型貼文中附上活動專頁的網址
②邀請個人帳號的朋友
③運用Facebook廣告

第1種方法就如同第223頁的貼文範例那樣，在直接宣傳型貼文中附上活動專頁的網址，以引導閱讀貼文的粉絲或朋友。

第2種方法是利用活動專頁的**「邀請」**功能。只要使用活動專頁的「邀請」功能，即**可邀請個人帳號的朋友前往活動專頁**。如果是有協助者或共同主辦人的活動，抑或是公司內或店內的活動，就可以請工作人員幫忙，邀請他們的個人帳號朋友。

邀請時要注意的重點有3個，分別是「要在邀請之前公開過程」，「在適當的時機邀請」、「先邀請參加機率高的朋友」。

關於**「要在邀請之前公開過程」**這點，只要你按照本書介紹的方法發布貼文再建立活動應該就沒問題了。這就跟直接宣傳型貼文一樣，突然發送邀請給對方，是無法獲得良好回應的。在你邀請朋友前往活動專頁之前，記得要先公開抵達這個階段的過程。

關於**「在適當的時機邀請」**這點，在多數用戶上線瀏覽Facebook的「適當時機」發出邀請（參照第114頁），他們造訪活動專頁的機率會比較高。

「先邀請參加機率高的朋友」，目的是藉由先邀請已決定參加，或是可能參加的朋友，使活動專頁處於已有幾人參加的狀態。等參加者達到一定的人數後再邀請其他朋友，便能給人「這個活動很受歡迎」的印象，讓考慮參加的人更願意報名。

第3種方法「運用Facebook廣告」，則是用Facebook廣告推廣活動專頁，將活動消息通知給超出個人帳號朋友範圍的目標對象（有關Facebook廣告的部分將在下一章說明）。

順帶補充一下，不太想發送邀請給個人帳號朋友的人，可以選擇①或③的方法運用活動專頁。請視活動規模或狀況，從這3種方法當中選擇適合的運用方式。

■將人導向活動專頁的3種方法與範圍

將人導向活動專頁的方法		能夠接收到的範圍
①	在直接宣傳型貼文中附上活動專頁的網址	朋友或粉絲
②	邀請個人帳號的朋友	個人帳號的朋友
③	運用Facebook廣告	設定的目標受眾

68 可提高期待感的活動專頁「貼文」

我們可以在活動專頁中發布「貼文」。發在活動專頁上的貼文，只要你沒有更改過設定，所有的參加者都能收到通知。因此，資訊能更容易傳送給按下參加鈕的用戶，或是按下有興趣（尚未決定）鈕的用戶，**提高參加者與考慮參加者的期待感，亦可防止取消參加的情況**。順帶一提，我的「士業×音樂＝LIVE」活動專頁上，都會發布「表演者與主辦人的介紹」、「活動旨趣與目的」、「當天的節目表」、「會場的路線說明與設施介紹」等貼文。

活動專頁裡的貼文，**可以隨著時間接近而逐漸增加發文次數**。這種時候，建議以【距離活動還有3天！】、【只剩3個名額！】之類的寫法，**利用貼文的標**

題倒數天數或剩餘名額，如此一來不僅能增加參加者的期待與興奮感，也能帶給考慮參加的人一股推力。

活動專頁具備擴散的功能，我們可以發送邀請給朋友、使用Facebook廣告，或是藉著「〇〇會參加△△活動」的通知將資訊傳送給該用戶的朋友。因此，除了音樂會或講座等活動外，促銷優惠或特賣會之類想讓不特定多數人得知的活動也能夠加以利用。

要像我主辦的「士業×音樂＝LIVE」那樣，幾乎只靠Facebook就吸引數百人參加，也並非不可能的任務。若要獲得這樣的成果，請站在接收活動資訊的粉絲或朋友的立場，謹記「公開過程」這項前提，於Facebook上實踐活動集客。

69

Facebook 發揮最大成效的時候

相信看完前面的解說後，大家都明白了活動對商業的重要性（當成前端商品運用），以及Facebook有多適合應用在活動上。最重要的是，「活動主辦人」這個頭銜具有**極大的品牌效果**。此外，舉辦對顧客而言很有價值的優惠活動或特賣會，也可**跟同業產生明確的差異**。影響範圍大多侷限在網路世界的Facebook，一樣可以藉著舉辦活動串聯現實世界。只要串聯Facebook和現實世界積極活動，便有機會接到來自其他行業各個方面、令你意想不到的邀約。像我就是因為主辦了活動，結果不僅接到工作，還接獲採訪、演講、合作等各種邀約。

不過我想，當中也有人雖然有心想舉辦活動，卻因為不安或是每天忙於工作，而始終不敢踏出第一步。這種時候，不妨**在Facebook上發表你考慮舉辦活動的想法吧**！在Facebook上發文，告訴粉絲或朋友「自己正考慮舉辦活動」，就可以把自己逼到非發起行動不可。

人是一種有了幹勁什麼都辦得到的生物，而且以本書傳授的方法運用Facebook的話，也時常能遇見願意協助自己的人。**在Facebook上發文使自己變成「接受支援的人」，並巧妙地將周遭拉進來協助自己**，同樣是實現Facebook行銷所不可或缺的行動。要成為接受支援的人，就必須**「公開過程」**。而且並不只有活動集客如此，這是整個Facebook行銷都該注意的重要觀念。

舉例來說，假設有人想買「蘋果」，而他的面前有以下2種蘋果：

- **知道是誰在什麼地方花了多少心血生產出來的蘋果**
- **不知道是誰在什麼地方花了多少心血生產出來的蘋果**

製作過程……

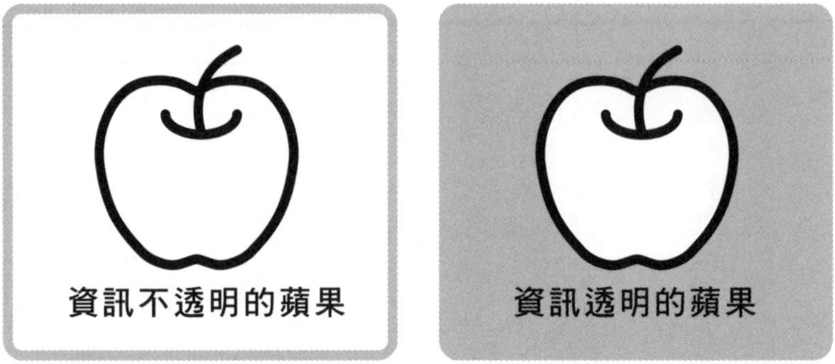

公開製作過程能成為附加價值

假如兩者價格相同，你認為他會買哪一種蘋果？不用說，答案當然是前者吧？

以食物為例，從「安全」的觀點來看，知道製作過程後消費者才能安心。此外「知道」的感覺，能促使人萌生「共鳴」、「喜愛」等正面的情感，繼而降低購買的心理門檻。不僅如此，假如你在Facebook發文時用對方法，**你所公開的過程本身即可成為附加價值，亦可提高商品單價或是與同業做出區隔**。

不要自顧自地發文，你要考量到粉

絲或朋友，毫無虛假地在Facebook上公開現實世界發生的事。實行「Facebook行銷」時，只要依照本書傳授的辦法或技巧發文，不但能為每日的生活及事業帶來良好影響，還有可能獲得意想不到的豐碩成果。

唯有運用本章介紹的「活動」手段，**巧妙地串聯現實世界，Facebook才能發揮最大的成效**。

COLUMN

建立遇見潛在顧客的場所

第6章要傳達的重點之一，就是**「串聯現實世界與Facebook的重要性」**。一如我在第6章解說「活動」時提到的，**「在現實世界建立遇見潛在顧客（於集客階段吸引到的粉絲或朋友）的場所」**，對於銷售後端商品一事具有非常重大的意義。其實我也是藉由主辦講座與音樂會等方式，在現實世界建立遇見潛在顧客的場所，而於之後賣出了後端商品。

話雖如此，有些時候當然也會碰上無法立即賣出後端商品的情況。用圖來表示的話，就是以下這個樣子：

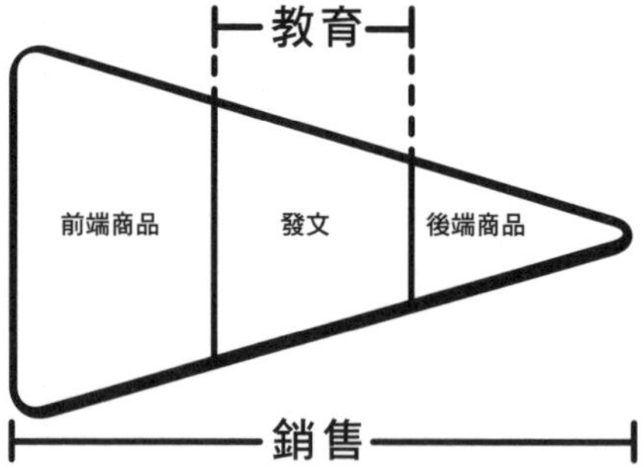

假如賣出前端商品後，沒辦法接著賣出後端商品，請你如上圖這般，**於兩者之間加入「教育」階段繼續發文**。如此一來，之後就能促成銷售了。

Facebook上經常發生當自己早已忘記時，工作卻找上門來的情況，因此有耐心地「持續」下去是很重要的。

CHAPTER 07

利用Facebook廣告「加速集客」的方法

70

掌握「Facebook廣告」的全貌

本章的主題是**「Facebook廣告」**。「Facebook廣告」這個名詞已在前幾個章節出現過好幾次，這究竟是什麼東西呢？

在Facebook上，「個人帳號」是一切的基礎。個人帳號必須以真實姓名註冊才行，而用戶（朋友）之間則是藉著「邀請→確認」這道程序建立彼此間的關係連結。因此能夠形成距離感恰到好處的社群，也能夠在冷冰冰的網路世界裡感受到人情味。

但是，對於想將Facebook運用在商業上的用戶而言，只有接受交友邀請，換言之也就是自己所知範圍內的用戶才能接收到自己的貼文這一點，實在太令人不滿足了。

於是，Facebook廣告便應運而生了。**只要善用Facebook廣告，就可使那些與自己的個人帳號沒有關聯的用戶，觸及自己的專頁或貼文。**在這一點上，Facebook廣告可說是支援商業運用的重要工具。

另外，若想使用Facebook廣告，原則上必須要有粉絲專頁。尚未建立粉絲專頁的人，不妨趁這個機會成立自己的粉絲團（除了用公司名稱或商品名稱命名外，以「潛在顧客可能感興趣的名稱」建立粉絲專頁效果也很不錯）。

廢話不多說，接下來就進入Facebook廣告的詳細解說。撰寫本書當時，Facebook廣告共有上一頁所標示的10個種類。

①「加強推廣貼文」廣告，可以將粉絲專頁的貼文變成廣告，顯示在「動態

■Facebook廣告的種類

①投稿を宣伝
②Facebookページを宣伝
③ウェブサイトへのアクセスを増やす
④ウェブサイトでのコンバージョンを増やす
⑤アプリのインストール数を増やす
⑥アプリのエンゲージメントを増やす
⑦近隣エリアへのリーチ
⑧イベントの参加者を増やす
⑨クーポンの取得を増やす
⑩動画の再生数を増やす

上圖內容中譯：
①加強推廣貼文
②推廣粉絲專頁
③帶動人潮前往你的網站
④提高網站的轉換率
⑤增加應用程式安裝次數
⑥提高應用程式的互動率
⑦打響本地市場知名度
⑧提高活動的出席人數
⑨吸引更多顧客領取優惠
⑩取得影片觀看次數

消息」或「桌面版右欄」上。原本粉絲專頁的貼文僅「粉絲」才接收得到，利用廣告推廣貼文後，即可讓超過這個範圍的廣告受眾觸及貼文。

②「推廣粉絲專頁」廣告，是用來幫自己的粉絲專頁增加按讚數的廣告。針對你在第3章設定的目標對象刊登廣告，即可吸引自家商品或服務的潛在顧客成為「粉絲」。

③「帶動人潮前往你的網站」廣告和**④「提高網站的轉換率」廣告**，是將Facebook以外的自家官網連結，顯示在「動態消息」或「桌面版右欄」上的廣告。看你的目的是「增加網站的造訪人數」，還是「獲得申請或消費之類的轉換」，再選擇適合的廣告加以利用。

⑤「增加應用程式安裝次數」廣告和**⑥「提高應用程式的互動率」廣告**，是用來推廣可在Facebook上使用的應用程式。除了應用程式的製作者外，一般用戶幾乎不會用到這類廣告。

⑦**「打響本地市場知名度」廣告**，可讓居住或造訪粉絲專頁所設定的地址周邊範圍內的目標對象看到你的廣告。

⑧**「提高活動的出席人數」廣告**，是用來宣傳第6章介紹的活動專頁。使用之後，你建立的活動專頁便會顯示在目標對象的「動態消息」或「桌面版右欄」上。假如你的活動規模較大，或是排斥發送「邀請」給個人帳號的朋友，不妨使用這個廣告。

⑨**「吸引更多顧客領取優惠」廣告**，這個廣告是用來宣傳可用粉絲專頁建立的優惠。

⑩**「取得影片觀看次數」廣告**，可刊登影像廣告。

這10個種類當中，特別能在Facebook行銷上發揮成效的廣告，就是①**「加強

推廣貼文」和②**「推廣粉絲專頁」**。本章就把重點放在這2種廣告上，為大家進行解說。

71

想一想「要把廣告用在什麼地方？」

本節先來了解「推廣粉絲專頁廣告」和「加強推廣貼文廣告」，分別運用在Facebook行銷的什麼地方吧！請看下一頁的示意圖。

首先，**Facebook行銷中的「集客」階段，運用的是「推廣粉絲專頁廣告」**。這種廣告的目的是，在目標的「動態消息」或「桌面版右欄」上顯示廣告，藉此讓目標幫自己的粉絲專頁按讚（原則上，粉絲專頁的貼文，只有按讚成為「粉絲」的用戶才接收得到）。

順帶一提，這裡說的「目標」，指的是各位在**第3章設定的「目標」**。由於本章的內容跟第3章有著密切關聯，請各位視需要參照第3章（我認為先對

■Facebook廣告在Facebook行銷中的定位

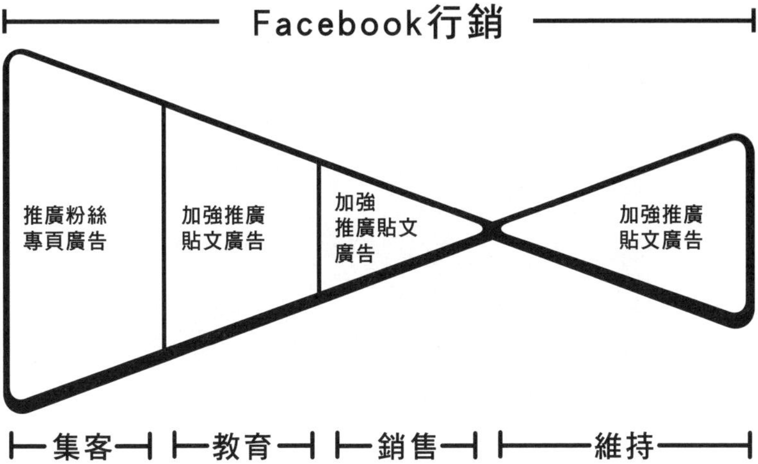

Facebook行銷有一定程度的了解後再談比較妥當，才把Facebook廣告放在第7章）。

另外，粉絲專頁的按讚數，亦是Facebook用戶判斷該專頁價值的重要指標。「推廣粉絲專頁廣告」，正是增加粉絲專頁按讚數（粉絲）最有效率且最有效果的方法。次一頁上圖為我的客戶實際投放的「推廣粉絲專頁廣告」，請各位當作範本參考。

接下來，**Facebook行銷中的「教育」、「銷售」、「維持」階段，運用的則是「加強推廣貼文廣告」**。這

■推廣粉絲專頁廣告

おすすめのページ
Sago New Material Guitars
広告
Sagoを使用中のアーティストのモデル情報やオーダーメイドギターの製作過程など、すべての音楽ファンに向けて配信中！
Sago New Material Guitars
ミュージシャン・バンド
4139人がいいね！しています。
いいね！

上圖內容中譯：
提供所有樂迷目前使用 Sago 的音樂人樂器型號資料，與客製化吉他的製作過程等資訊！

種廣告的目的是，為發布於「教育」、「銷售」、「維持」階段的貼文提供助力。

加強推廣貼文，粉絲便可再次看到你的貼文。不僅如此，依據你的設定，粉絲的朋友或截然不同的目標也能接收到貼文。增加觸及人數並獲得用戶的回應，亦可連帶提高互動率。次一頁上圖為我的客戶實際投放的「加強推廣貼文廣告」。

實行Facebook行銷時，主要就是運用這2種Facebook廣告。

■加強推廣貼文廣告

上圖內容中譯：
【「秋御膳」開賣】

今天起，本店將販售平日只在午餐時段供應的「秋御膳」。

本商品需事先預訂，請先詳閱以下的詳細資訊，期待您的來電。……更多

72

廣告的成敗取決於「誰看得到？」

無論投放的是何種Facebook廣告，最重要的關鍵都在於，**這則廣告是發給什麼樣的用戶看的**。第3章設定的「目標」，與這點有著密切關聯。就算讓非自家商品或服務目標的用戶看到廣告，也無法期待能收到Facebook行銷的成效，請各位要多多留意。

Facebook廣告以**「投放精準度極高」**聞名。定義廣告受眾時，我們可使用的目標設定選項如下：

- **年齡（可從13歲～65歲之間選擇範圍）**

．性別（可選擇「全部」、「男性」、「女性」）

．地點（除了國家和縣市外，還可將範圍縮小至鄉鎮市區）

．興趣（平常對何種專頁感興趣等等）

．關係鏈條件（不對已成為粉絲的用戶顯示廣告等等）

．廣告的版位（只顯示在動態消息上，或是也顯示在桌面版右欄上等等）

……等等

右邊只是其中一部分的選項，針對你在第3章釐清的自家商品或服務的目標對象設定這些選項，即可讓符合條件的用戶族群看到你的廣告（順帶補充一點，如果是「加強推廣貼文廣告」，還可以鎖定粉絲或粉絲的朋友投放廣告）。

舉例來說，如果要對**「住在東京都內的20幾歲女性」**投放廣告，就將目標設定為**「東京都（可將範圍縮小至區或市）」**、**「20歲～29歲」**、**「女性」**，並想像目標可能對何種事物感興趣，然後在「興趣」欄輸入關鍵字。

假如是**「防晒乳」**的**「加強推廣貼文廣告」**，「興趣」欄就可以填入**「防晒」**、**「海」**、**「夏天」**、**「旅行」**等關鍵字。除此之外，即將**「結婚」**的人或許會比平常更加注重外貌，而經常在白天**「運動」**的人可能也需要防晒乳。設定「興趣」的關鍵字時，就是要像這樣從各種角度想像列為目標的用戶形象。**關鍵字不見得設越多越好**。先以數種廣告測試，找出反應最佳的關鍵字或關鍵字組合，同樣是運用Facebook廣告時頗為重要的作業。順帶一提，像飲食這類適合大眾的商品，有時不設定「興趣」欄，僅用「地點」、「年齡」、「性別」鎖定目標，結果反而會更好。

至於顯示廣告的位置，假如目標是20歲年齡層的女性，一般而言使用智慧型手機上Facebook的人會比使用電腦的人還多。若想有效率地消化廣告費，就不要讓廣告顯示在「桌面版動態消息」與「桌面版右欄」上，只顯示於「行動版動態消息」上。**決定廣告的版位時，要記得考量目標的屬性和行為模式**。

另外，如果要使用「推廣粉絲專頁廣告」，請記得點選「關係鏈條件」項目中的**「排除說你粉絲專頁讚的用戶」**。這是因為，對已成為「粉絲」的用戶投放「推廣粉絲專頁廣告」是沒有意義的。

最後補充一下，除了本節說明的目標設定方法外，各位也可以建立「自訂廣告受眾」，透過這個功能對目標投放廣告（詳情請看：https://www.facebook.com/help/433385333434831/）。

73 運用文案和圖像製作「令人印象深刻的廣告」

本節要談的是，「集客」階段所用的**「推廣粉絲專頁廣告」**文案及圖像的設定重點。假如是想藉著粉絲專頁獲得客源的情況，絕大多數的潛在顧客最早接觸到的，即是「推廣粉絲專頁廣告」。當初潛在顧客就是看了廣告的文案與圖像，才決定要不要成為粉絲的。

想當然，廣告的文案必須要能打動目標對象。**「舉出顧客可獲得的價值」**，便是其中一種打動目標對象的手法。也就是在文章中告知，幫這個專頁按讚後目標對象可以得到什麼好處。

■「推廣粉絲專頁廣告」的文案和圖像

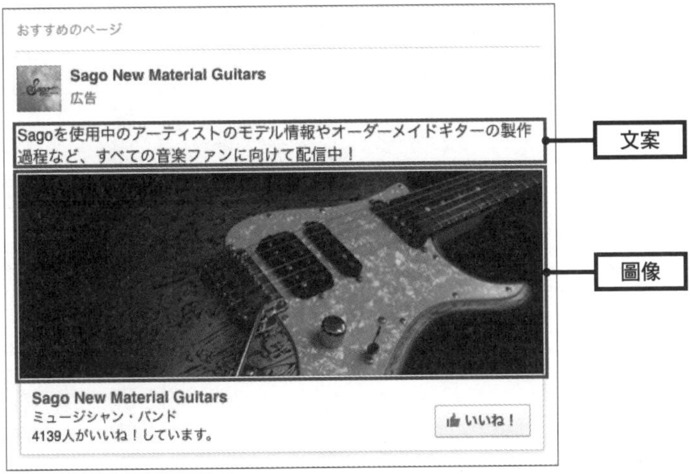
おすすめのページ
Sago New Material Guitars
広告
Sagoを使用中のアーティストのモデル情報やオーダーメイドギターの製作過程など、すべての音楽ファンに向けて配信中！
Sago New Material Guitars
ミュージシャン・バンド
4139人がいいね！しています。
いいね！
文案
圖像

舉提供吉他訂製服務的公司「Sago New Material Guitars」的廣告為例，目標對象（購買樂器或考慮訂製樂器的人）可獲得的價值或好處，即是能夠接收到訂製樂器的規格和製作過程、新商品的發售資訊等宣傳型貼文。推廣粉絲專頁的廣告文案字數**上限為90個字元**，請設法在字數內展示出目標對象可獲得的好處。

接下來是廣告的圖像。在Facebook的動態消息上，躍入視野當下的印象十分重要，這點無論是廣告或每天的貼文都是如此。圖像並不是選自己喜歡的就好，還要考慮**「顏色」**和**「人的氣**

息」等要素，請站在目標對象的立場思考，選出能吸引目光的圖像。

還有，**請準備符合Facebook廣告尺寸的圖像**。如果使用現成的圖像，重點部分有可能遭到裁切，因而無法製作出能獲得回應的好廣告。Facebook的說明頁面（https://www.facebook.com/help/103816146375741）標示了各類型廣告的建議圖像尺寸，請大家參考看看。另外Facebook廣告還規定，圖像中的文字比例**不得超過20%**。假如超過這個比例，廣告就不會刊登。圖像文字檢查工具（https://www.facebook.com/ads/tools/text_overlay）可檢查圖像中的文字比例，請各位務必善加利用。

■其他的「推廣粉絲專頁廣告」範例

上圖內容中譯：
【致 20 幾歲的各位】我比任何人都了解年輕創業者的不安。要不要與縣內最年輕的行政書士一同朝著夢想邁進呢？

上圖內容中譯：
【致各位士業人士與經營者】熱愛音樂的商務人士齊聚在此，享受一年一度的 LIVE 音樂饗宴！下回活動資訊請按讚查看！

74

利用「加強推廣貼文的廣告」增強導向銷售的力道

本節要介紹的是，運用在「教育」、「銷售」、「維持」階段的**「加強推廣貼文廣告」**。這種廣告可利用各貼文下方的「加強推廣貼文」按鈕進行刊登，目的是推廣該篇貼文。像直接宣傳型貼文這類**觸及人數不易提升的貼文，只要善加運用「加強推廣貼文廣告」就能提高觸及人數**。

既然我們能夠使用「加強推廣貼文廣告」，這也就意謂著**粉絲人數未必代表一切**。不過，用戶在判斷粉絲專頁的信用度時，一般還是以粉絲人數（粉絲專頁的按讚數）作為依據。因此，建議剛建立粉絲專頁的人，在你接近第3章提到的第1個粉絲人數目標（參照第106頁）之前，「推廣粉絲專頁廣告」的比重可以多一點，等接近目標按讚數後，再把預算挪到「加強推廣貼文廣告」上。話雖如此，粉絲人數多對你有好無壞。所以，之後最好仍要繼續投放「推廣粉絲專頁廣告」，就算每次投入的預算不多也無妨。假如廣告預算充足，建議你就按照這樣的安排，繼續使用「推廣粉絲專頁廣告」，並增加「加強推廣貼文廣告」的費用，**同時投放這2種廣告**。

「加強推廣貼文廣告」的投放時機十分重要。刊登廣告的時機，**應選在不靠廣告的自然觸及人數停止成長的時候**。假如經營的是粉絲專頁，應該能大致看出粉絲專頁貼文的自然觸及人數（也可以從粉絲專頁的洞察報告查看貼文的觸及人數一覽）。當你感覺到「觸及人數沒怎麼增加」時，即表示自然觸及人數停止成長了（時間通常落在發文1～2天後）。在這個時間點刊登「加強推廣貼文廣告」，即可再度提高觸及人數，恢復互動率。

沒使用廣告的一般貼文，通常會受到邊際排名之類的因素影響，而無法讓所有的粉絲看到。即便是親密度高的粉絲，有些時候也會因時機不湊巧而沒看到貼文，結果顯示順序就隨著時間而逐漸下滑。基於這個緣故，將**已成為粉絲的人列入「加強推廣貼文廣告」的對象內，一樣能有顯著的效果**。畢竟粉絲的身邊很可能也存在相同屬性的朋友，建議大家最好**也把「粉絲的朋友」列入對象內**。

除此之外，你也可以幫每個「加強推廣貼文廣告」設定不同的目標。比方說，宣傳型貼文的廣告，就以「粉絲與他的朋友」或「你設定的目標」為對象；分享生活型貼文的廣告，對象則「只限粉絲」。請視刊登廣告的貼文類型臨機處置，選擇適當的對象。

順帶一提，你還可以讓貼文僅以廣告的形式出現在動態消息上，而不顯示於粉絲專頁的動態時報上。詳細的說明請至Facebook的網頁（https://www.facebook.com/help/164280010440375/）查看。

有關在Facebook行銷中發揮極大成效的2種廣告到此說明完畢。簡單來說，就是**先利用「推廣粉絲專頁廣告」累積粉絲，再發布粉絲感興趣的貼文，並針**

對不易提高觸及人數的宣傳型貼文使用「加強推廣貼文廣告」來增加觸及人數。希望大家靈活運用這2種廣告，將Facebook行銷的成效提高至最大限度。

75

從「1天500日圓」開始嘗試

本章的最後要跟各位談談**「Facebook廣告費用」**。關於刊登Facebook廣告時的金額設定，在我的講座上也常有學員問起：「一開始該設定多少錢比較好？」在此提供各位一個基準。

可以使用的廣告費當然是越多越好，不過建議大家一開始先用**「1天500日圓」**的預算試水溫（此為剛建立粉絲專頁的人，一開始刊登「推廣粉絲專頁廣告」時所花的最低廣告費）。換算下來，每月的廣告費大約是15000日圓。Facebook廣告的花費金額若設定過低，不僅難以看見效果，也會不易判斷這個廣告適不適當。因此希望大家以1天500日圓為下限。

舉例來說，假如1天花500日圓刊登「推廣粉絲專頁廣告」，而獲得1個讚的成本是50日圓，那麼1天就能獲得10個讚。只要持續刊登1個月，就能獲得大約300個讚。畢竟要花費寶貴的金錢，相信剛開始的時候心裡一定非常不安，所以等你看到效果之後，再慢慢提高廣告費就好。其實，在刊登廣告時，Facebook會告訴你它估算的最適當金額，因此你也可以先按照這個金額刊登廣告，試試水溫。

另外，**只要設定好總經費或單日預算，以及廣告的刊登時間，就不會導致廣告投放過度**，請大家放心。

不過，Facebook廣告並非只要花錢就能解決一切問題。若想靠廣告獲得成果，就**必須以長遠的目光製作更好的廣告**，好比說觀察反應調整目標或文案。以剛才的例子來說，獲得1個讚的成本並不一定都是50日圓，若要固定或是降低成本，就需要每天製作更好的廣告。

你可以從**「廣告管理員」**查看Facebook廣告的反應、編輯廣告或管理付款。至於其他有關Facebook廣告的詳細規定，請到「廣告刊登政策（https://www.facebook.com/policies/ads/）」或「使用說明（https://www.facebook.com/help/）」查詢。

Facebook廣告是一門深奧的學問，若想完整介紹這個部分，就得再寫一本書才行。本章僅說明「Facebook行銷」所需的、最基本的Facebook廣告知識。如果想更加了解Facebook廣告，坊間已有許多專門介紹Facebook廣告的書籍與網站，大家可以參考看看。

最重要的是，Facebook廣告若只看文字說明，沒有親自操作看看的話，無法理解的部分真的很多。建議大家在學會本書介紹的基本知識後，就實際嘗試刊登Facebook廣告吧！

以Facebook為主題的說明，就到此告一段落了。下一章，我將以對比

Facebook的方式，介紹其他的社群網站。

COLUMN

刻意使用「看起來很外行的圖像」

根據我以往的經驗，貼文所附的圖像，**若使用手機拍攝的那種「看起來很外行的圖像」，反應大多比用單眼相機拍攝，或用修圖軟體製作的「看起來很專業的圖像」還要好**（不過並非所有人都是如此，像對攝影有興趣的人或職業攝影師就例外）。用於廣告的圖像也是一樣，我的客戶裡，也有人刻意表現出外行人的感覺，結果得到更好的回應。

這可能是因為目前刊登的Facebook廣告幾乎都是使用「看起來很專業的圖像」。用戶看慣了放上「看起來很專業的圖像」的廣告，所以即便該廣告是一般的貼文，當他們一看到那一類的圖像，就會反射性地認為**「這是廣告」**而跳過不看。但是，刻意使用「看起來很外行的圖像」，用戶就會以為**「這搞不好是朋友的貼文」**而容易停下目光。

一向使用「看起來很專業的圖像」的人，不妨也嘗試使用「看起來很外行的圖像」吧！

CHAPTER 08

Facebook以外的社群網站運用方法

76 營業工具並不只有Facebook一種

本書終於到了最後一章。前7章談的是本書的主題「Facebook行銷」，最後我要在本章為大家介紹與Facebook行銷有關的、**Facebook以外的社群網站**。

營業工具並不只有Facebook一種。認識其他的社群網站，可使Facebook的地位更加明確。而且，靈活地組合運用數種社群網站，也能為Facebook行銷帶來良性影響。

此外，前7章談到的Facebook行銷概念（集客→教育→銷售→維持）、發文的時機、貼文的類型等本質部分，也都可以套用在其他的社群網站上。簡而言之，雖然表面上的操作方法不一樣，但在**「行銷術」這個本質部分上，所有的社**

群網站都是大同小異。運用稍後介紹的其他社群網站時，也請記得活用前面學到的Facebook行銷訣竅。

現在是一個**必須靈活運用社群網站的時代**。隨著時代的演進，部落格、mixi、Facebook、LINE等各式各樣的社群網站紛紛登場。相信這樣的潮流，今後也不會有所改變吧！我想，應該有不少人只想使用適合自己的工具。但是，一如Facebook取代了mixi，電子郵件也逐漸遭到Facebook Messenger、LINE、ChatWork取代，如果不因應時代潮流變換使用的工具，在這樣的時代下你甚至無法跟別人溝通。

為了因應今後的社群網站時代，以及實踐Facebook行銷，希望大家能透過本章好好認識一下具代表性的社群網站。

77

「Instagram」的關鍵字是女性、視覺、封閉

首先介紹的是，撰寫本書當時最熱門的社群網站**「Instagram」**。Instagram是一款可分享**「照片」**與**「影片」**進行交流的社交軟體。由於上傳檔案時可套用各式各樣的濾鏡，將照片修改得賞心悅目，因此特別受到**年輕女性**的支持。順帶一提，Instagram的用戶數已經超過Twitter了。

跟Facebook相比，Instagram的動態消息是**按照時間進行排序**，而且不會顯示朋友的動態（對方使用「按讚」、「留言」、「分享」等功能的通知。這點Facebook也一樣，但會顯示企業的廣告）。此外，Instagram不具備如Facebook的分享或Twitter的轉推這類，可在同一個社群網站內散播的功能，而**擴散性低**亦是

它受歡迎的原因之一。跟Facebook及Twitter的開放性質相比，Instagram可說是**封閉性質**的社群網站。

另外，輕輕鬆鬆就能串聯其他的社群網站也是Instagram的特色之一。用戶可以透過Instagram的上傳功能，將貼文同步發布在Facebook、Twitter、Tumblr等網站上（不過，同步發文容易給人「順便」的感覺，要避免頻繁使用）。

不過，如果想將封閉性質的社群網站運用在商業上，就得設法讓別人看到自己的貼文才行，否則什麼都不用談。要讓別人看到貼文，就必須**增加追蹤者**。增加Instagram追蹤者的方法有很多，例如利用現實世界的工具（廣告傳單或名片等等）告知自己的帳號、在其他的社群網站或自家官網上公布帳號、運用「主題標籤」……等等。由於Twitter也可以使用「主題標籤」，關於這個部分稍後我會一併介紹。還有，自顧自地發布貼文是無法增加追蹤者的。這點就跟Facebook一樣，你必須積極透過「按讚」與「留言」等方式進行「交流」。

具備上述特色的Instagram，很適合**給可藉由視覺手法接觸潛在顧客的行業使用**。舉例來說，餐飲業或服飾業的商品「料理」或「服裝」，能夠透過照片展現出它的魅力。這類行業就應該同時運用Facebook和Instagram。

相反的，假如是我從事的士業或諮詢顧問這類業種，提供的商品或服務是肉眼無法看見的。因此，要在以分享照片為主的Instagram上獲得顧客就不容易了（發布影片的話就有機會吸引顧客，可惜目前最多只能上傳「15秒」的影片）。

此外，撰寫本書當時，Instagram尚**無法**像Facebook和Twitter那樣，能夠**在貼文中加上連結**，所以無法直接引導讀者前往網站（可利用個人檔案欄連結外部網站）。因此，你必須抱著跟Facebook行銷一樣的觀念，採取**「藉由每天的貼文和交流觸及用戶的潛在部分，使他們在產生需求時想起自己繼而促成銷售」**的方法，腳踏實地耕耘以獲得顧客。

順帶一提，我的Instagram貼文，絕大多數都是跟興趣「音樂」有關的分享生活型貼文（偶爾發點間接宣傳型貼文）。運用Instagram時，我總是盡可能不帶商業色彩，並且享受與人分享生活點滴的樂趣。

看完Instagram的簡介後，各位覺得如何呢？假如你從事的職業可藉由視覺手法接觸潛在顧客，請一定要使用看看。

78

「Twitter」的賣點正是強大的擴散力

接下來要介紹的是**「Twitter」**。我想大多數的人都聽過Twitter，這是一個可以發布**140字以內**的**短文**（在日本稱為「碎碎念」或「推文」），並按**時間順序**顯示的社群網站。當你想看某人的推文時，可以單方面地關注（跟隨）這名用戶的帳號，這點跟需要發送交友邀請的Facebook很不一樣。另一個特色是，資訊能夠透過**「轉推」**功能，散播給完全不認識的不特定多數人。Twitter或許可以說是本書介紹的社群網站當中，最具**開放性質**的社群網站。

跟Facebook的「分享」相比，Twitter的「轉推」執行難度較低，而且具有積極散播的傾向。舉例來說，當擁有許多跟隨者的用戶轉推你的推文時，這則推文就有可能無止境地散播下去。基於這個緣故，Twitter在**「擴散力」**這點上可以說比Facebook更占優勢。

還有一個特色是，由於推文字數少，而且**註冊時不必使用本名**，因此跟Facebook相比，Twitter的用戶以**10幾歲的年輕人居多**。

Twitter能夠輕鬆地發布簡短的文章，強大的擴散力正是它的賣點，不過相對的，推文量卻也十分龐大。由於推文會接二連三地出現在時間軸上，要讓其他用戶從數量龐大的推文當中發現並閱讀自己的推文，遠比Facebook更加困難。因此Twitter跟Facebook一樣，**必須多花點心思吸引跟隨者（商品或服務的目標對象）的目光，好比說附上圖片**。

另外，Twitter和 Instagram一樣都是依照時間順序顯示貼文，因此**發布時間非常重要**。第4章介紹的適當發文時機，也可套用在Twitter和 Instagram上，請各位務必參考第4章的內容。

在此以我的客戶為例，為大家介紹Twitter的運用方法。這位客戶以Facebook作為獲得客源的主要工具，Twitter則是輔助工具。那麼，他是如何使用這2種社群網站呢？具體來說，他都會**先在Twitter發文，然後觀察該篇推文的反應如何，再決定要不要發在Facebook上**。也就是說，先在Twitter發布推文，看看有多少人轉推或喜歡，抑或有多少參與次數（該篇推文的回應數），再以**回應數較多的推文為優先重新發到Facebook上**。Twitter的每篇推文下方都有**「推文活動」**選項，我們可以透過這個功能查看上述的回應（這相當於Facebook的「洞察報告」）。

以Facebook的性質來看，要是像Twitter那樣頻繁發文的話，很有可能會惹其他用戶討厭。因此，在Facebook上發文最多1天1篇就好，至於這位客戶，則是平均每2天發布1篇**他利用Twitter嚴選的文章**。

這位客戶之前在Facebook上1天發布2篇以上的文章（包含Twitter的同步發文）。因此，雖然粉絲專頁的按讚數很多，貼文的觸及人數卻沒有增加，為此煩惱的他便請我擔任社群網站諮詢顧問。後來，我建議他採取前述的運用方式，結果現在Facebook粉絲專頁的自然觸及人數已累積到粉絲數的數倍之多，透過Facebook獲得的顧客也連帶變多了。

把Twitter當成私人工具，純粹輕鬆地發布推文固然是一種不錯的運用方式，若像前述那樣當成Facebook的輔助工具使用同樣能收到顯著的成效。此外，Twitter和Instagram一樣，皆存在著運用「主題標籤」的文化。下一節，我們就來談談這個「主題標籤」。

79

利用「主題標籤」吸引潛在顧客

「主題標籤」是指以「#○○」格式表示的搜尋用關鍵字。只要在關鍵字的前面加上#，這個關鍵字就會自動加上超連結。點擊連結，**便可看到所有在發文時添加了同一個主題標籤的用戶文章**。

好比說搜尋「#拉麵」的話，就會列出全球用戶的文章當中，有添加「#拉麵」標籤的文章。由於**搜尋結果不侷限於自己追蹤的用戶**，即使擁有相同興趣的用戶互不相識，也能夠建立起關係連結。

Instagram和Twitter的用戶經常使用主題標籤，說它是必不可缺的功能一點也不為過。將Instagram和Twitter運用在商業上時，如果能讓自己的追蹤者或跟隨者，以及更多的用戶看見自己的發文，這可說是較為理想的狀態。這種時候主題標籤就能提供很大的助力。

Instagram存在著利用主題標籤進行搜尋的文化。只要利用這一點，**預測自家商品或服務的潛在顧客可能搜尋的關鍵字，然後在貼文中添加此主題標籤，並挑選潛在顧客可能感興趣的照片進行分享**，就有機會直接促成商品或服務的銷售。像我本身也多次利用Instagram搜尋餐飲店與美容院並實際上門消費。這種運用方式，在Instagram的世界裡已經很普遍了。從用戶的角度來看，在Instagram瀏覽該店顧客自行拍攝的寫實照片或是誠實的感想，要比查看官網上的精美照片或說明文，更具好幾倍的參考價值。

Instagram的主題標籤就是以這種方式直接促成銷售，所以發文時請一定要記得添加上去。添加主題標籤時，至少要**標上「商品名稱」與「地點」**（例：位在澀谷的拉麵店↓「#拉麵」、「#澀谷」）。另外，設置過多的主題標籤會給貼文本身帶來煩雜的印象，在注重視覺感的Instagram上使用這個功能時最好適可而止。個人認為設置**10個左右最為恰當**。或許也有人認為能加上主題標籤就盡量加，不過Instagram**最多只能設置30個**主題標籤，運用時要留意。

接下來要談的是Twitter的主題標籤，基本上用法跟前述Instagram的主題標籤差不多。不過，跟Instagram不同的是，Twitter的推文有140字的字數限制。發文時別在推文中塞滿主題標籤，具體建議設置**1～2個**就好。

此外，若要發揮Twitter的擴散力，較有效的做法就是利用**「熱門」**功能提供的流行趨勢，寫出帶有Twitter目前流行的詞彙或主題標籤的推文。如此一來，許多利用熱門關鍵字進行搜尋的用戶就能看到你的推文。

若想添加主題標籤，只要在「#」之後加上文字即可，使用起來一點也不難。但是，關於**「目標對象較常搜尋何種主題標籤」**這個問題，就得靠自己每日發文進行各種嘗試以發掘出答案了。

本節的最後，要介紹Instagram和Twitter皆能運用的增加追蹤者、跟隨者的方法，那就是**「讓發文具備一致性」**。請利用記載在個人檔案中之類的方式，明確告知這個帳號會發布什麼資訊，發文本身也要具備一致性，並且追蹤、關注其他用戶，以及活用主題標籤。如此一來就能更輕易地增加追蹤者或跟隨者，吸引對自己的發文有興趣的用戶（潛在顧客）。

80 推播通知是「LINE@」的優點

最後要介紹的是**「LINE」**。眾所周知，LINE是現在相當流行、取代電子郵件的溝通工具。在日本有逾4成的人註冊使用，目前已成長為巨大的社群媒體。由於LINE的用途以個人間的交流為主，其距離感之近是其他社群網站所無可比擬的。不過，有些人可能不曉得，LINE也可以作為獲得客源的工具。其實，LINE有提供**「LINE@」**這個可用於商業的服務。只要使用LINE@，我們就可以主動接觸潛在顧客。

LINE@的最大好處，就是可將**訊息一次傳送**給所有加為LINE@好友的用戶。而且，LINE@的訊息跟Facebook之類的貼文不同，它會以**「推播通知」**發出提醒，並顯示在平常與好友交流時所用的**對話畫面**上。顯示在對話畫面上，資訊便能以自然的形式傳送給對方，而且有推播通知的提醒，用戶**點閱訊息的機率也會比電子報之類的媒體來得高**。點閱率一高，自然也能連帶提升將用戶導向銷售階段的成功機率。LINE@的訊息功能，一般都是用來發送折價券之類的好康優惠，因此可說是較為適合餐飲業、美容業、零售業的社群網站。

不過，跟「請人幫粉絲專頁按讚」、「請人關注「Twitter帳號」等其他社群網站集客階段的行動相比，「請人把LINE@帳號加為好友」的行動執行難度明顯高出許多。因此，除了利用其他的社群網站進行散播，或是直接在店內告知客人外，還得比其他的社群網站多花一點心思，好比說仿效吸引讀者訂閱電子報的手法那樣附加贈品或好康。

除了前述的餐飲業、美容業、零售業等，可藉著發送折價券的方式將用戶導向銷售階段、能夠期待即效性的行業之外，**其他行業若想與消費過的顧客維持關係，運用LINE@同樣能收到不錯的成效**。舉例來說，先透過Facebook行銷將潛在顧客引導至銷售階段，販售商品或服務時再利用LINE@聯繫，日後就能發送訊息維持關係。有興趣的人，請一定要試試看LINE@。

■本書介紹的社群網站一覽

	Facebook	Instagram	Twitter	LINE
用戶數	日本：約2500萬人 世界：約15億人	日本：約800萬人 世界：約4億人	日本：約2000萬人 世界：約3億人	日本：約5800萬人 世界：約2億人
主要用戶年齡層	20歲～50歲	10歲～20歲（女性居多）	10幾歲的年輕人	用戶遍及各個年齡層
活躍用戶百分比	53.1%／月	76.7%／月	60.5%／月	90.6%／月
訊息牆排序	依據邊際排名等基準，而非按照時間順序	按照時間順序	按照時間順序	按照時間順序（動態消息）
其他特色	規模和功能都很均衡，是全球最大的社群網站	以分享照片為主、著重視覺感的社交軟體	資訊流動速度快、擴散力強大的社群網站	加為LINE@好友，即可群發附加推播通知的訊息

※2016年1月當時的資料

81 「Facebook行銷」是一種不變的概念

本章介紹了幾個Facebook以外具代表性的社群網站。雖然只能簡單說明各個社群網站的概要與運用方法，我希望大家在使用其他的社群網站之前，能夠**先學會Facebook行銷**，所以才會做這樣的安排。不過，同時運用Facebook以及其他媒體（除了其他的社群網站外，還包括非數位媒體），確實**可以期待加乘效果**。請各位在熟習Facebook行銷到一定程度之後，也要慢慢採用其他適合自家公司的工具。

在此舉個例子說明Facebook與其他媒體的加乘效果。假設你在實行Facebook行銷的同時還運用Instagram，而目標用戶則經由Facebook廣告變成粉絲，每天

■加乘效果的示意圖（接觸次數）

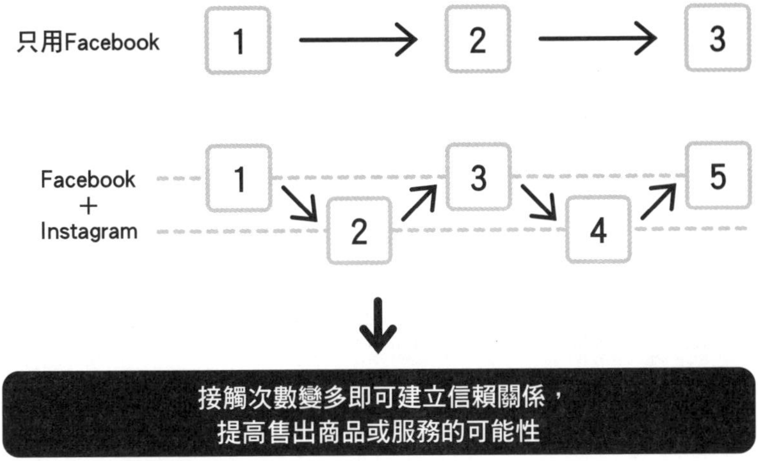
只用Facebook
1
2
3
Facebook
＋
Instagram
1
2
3
4
5
接觸次數變多即可建立信賴關係，
提高售出商品或服務的可能性

在動態消息上看到你的貼文，之後又經由Instagram的主題標籤看到你的貼文。從這名目標的角度來看，這等於是再度於Instagram上見到平常都會在Facebook上看見的帳號。如此一來，接觸這名目標的次數，自然比只用Facebook時還多，因而連帶提高將目標導向銷售階段的機會。

再者，從「接觸次數」這個觀點來看，**透過Facebook等社群網站與目標接觸的次數，也比透過網站或部落格還要多**。

原因在於，網站和部落格各個頁面的網址都是固定的，除非使用者想看某

■近年來消費者取得資訊的流程

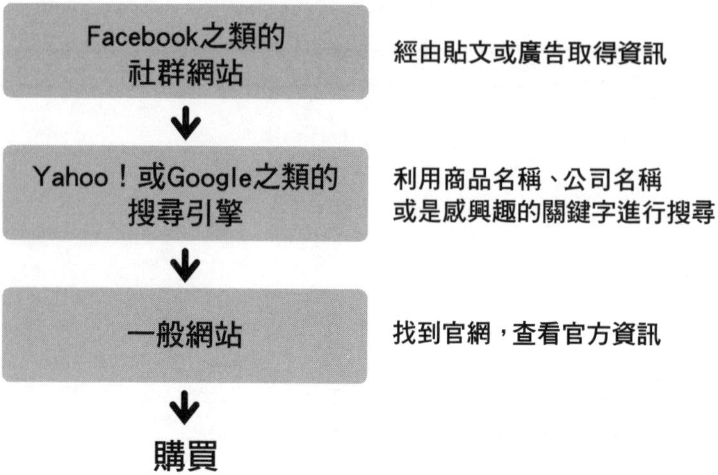
Facebook之類的
社群網站
經由貼文或廣告取得資訊
Yahoo！或Google之類的
搜尋引擎
利用商品名稱、公司名稱
或是感興趣的關鍵字進行搜尋
一般網站
找到官網，查看官方資訊
購買

個頁面而主動造訪，否則資訊是無法讓人看見的；反觀**Facebook之類的社群網站，全體用戶最初造訪的入口原則上都是一樣的**（例如Facebook可經由「facebook.com」進入動態消息）。因此，只要用戶成為粉絲或朋友（或是列為廣告受眾），即使他們並沒打算看你的貼文或廣告，一旦上了Facebook的網站，那些貼文或廣告仍舊會出現在動態消息上。就性質上來說，Facebook之類的社群網站環境較容易使別人看到你的貼文或廣告。

近年來，「先經由社群網站獲得資訊，再利用Yahoo！或Google搜尋官網，查看官方資訊」這樣的行為模式，已逐漸在消費者之間普及開來。

從瞬息萬變的網路世界獲得客源的做法，在現今的時代已變成常態，我們越來越需要主動了解各媒體的性質與消費者的行動變化。

世界上還有許許多多的社群網站，例如「YouTube」、「mixi」、「Ameba」、「Google＋」、「LinkedIn」、「Tumblr」……等等，可惜礙於篇幅無法在本書中一一介紹。我想社群網站的世界今後仍會繼續演變下去，不過，已經學會Facebook行銷概念的讀者用不著擔心。因為**Facebook行銷的概念，是一種適用於所有社群網站、永恆不變的概念**。

最後再幫大家複習一次。**所謂的「Facebook行銷」，即是利用Facebook廣告之類的方式「集客」，吸引自家商品或服務的潛在顧客，接著透過每天的發文與交流進行「教育」，然後「銷售」商品或服務給潛在顧客。交易完成後也要利用Facebook跟顧客「維持」關係，以期獲得回頭客。**

本書的宗旨，便是教導讀者如何運用Facebook實踐這一連串獲得顧客的流程，而內容也將在本節劃下句點。相信各位以本書傳授的方法運用Facebook後，不僅能為自己的事業帶來良好影響，也能感受到每日的生活變得快樂又充實。由衷期盼各位能夠參考本書，實踐「Facebook行銷」。

COLUMN

拘泥數字的時代業已結束

在Facebook的歷史中，確實曾有過一段重視粉絲數或朋友數的時代，然而現在運用Facebook，**人數未必越多越好**。一如前幾章的說明，假如只吸引到非自家商品或服務目標族群的粉絲或朋友，就無法期待能收到成效。

其實，我曾同時幫2間同行業的公司操作粉絲專頁。其中一間公司是因為「就算累積了數萬名粉絲，依然無法帶動業績」而聘僱我，另一間公司則是想建立粉絲專頁才委託我，而他們的粉絲數很快就達到數千人。從第三者的角度來看，前者擁有數萬名粉絲的客戶，他們的Facebook行銷看上去是成功的，然而**實際上，後者擁有數千名粉絲的客戶卻藉著Facebook提升了業績**。當然，貼文內容也是其中一個影響因素，不過最大的原因在於，擁有數萬名粉絲的客戶，在Facebook行銷的「集客」階段過於著重衝高人數，而且並未鎖定目標族群。結果陷入粉絲很多，貼文的回應或觸及人數卻很少的窘況，導致他們無法藉由Facebook獲得成果。

實行Facebook行銷時，請不要過度拘泥數字，務必要執行能促成銷售的**「有意義的集客」**。

後記

如今，Facebook已成長為**每5名日本人就有1人**使用的社群網站。將如此滲透至你我生活當中的Facebook，運用在企業與店家的營業活動上，可說是理所當然的趨勢。

不過，就像我在本書中一再強調的，若想利用Facebook獲得成果，就需要以長遠的目光持續運用下去。而「持續」，正是必不可缺且最為困難的事。

實際上，我已經看過許多企業與店家雖然開始運用Facebook，卻因為無法持之以恆而未能獲得成果。

原因在於，**Facebook的優先度低於其他的工作**。於是，他們將Facebook的順位往後移，只在業餘時間運用臉書，這不僅是無法持續的一大因素，亦是無法獲得成果的原因之一。一直以來我都以諮詢顧問的身分，向這類企業和店家提供協助。

「無法想像Facebook能帶來工作」，是造成人們把Facebook的順位往後移，不優先執行的一大原因。我希望本書能成為一股助力，所以才不選擇規模龐大的粉絲專頁進行介紹，而是刊載較為切身的實例（我自己的或客戶同意刊登的實例）。我和我周遭的人都做得到的事，各位讀者當然也辦得到。敬請大家務必要依照本書傳授的方法運用Facebook。

只要用對方法，Facebook便能發揮足以大幅改變人生的力量。我本身也是藉著Facebook改變人生的其中一人。

我在學會「Facebook行銷」的概念後，事業隨即一飛沖天。除了獲得客源外，「Facebook行銷」的成效還擴及人才招募、與各種企業合作等各個方向。此外，我還利用更高階的Facebook廣告運用手法，建立一套高效率的集客機制。再加上我也有使用個人帳號，因此Facebook不只對我的事業有所幫助，對於我的私生活也有良好的影響，好比說與朋友重逢或交流、獲得跟興趣有關的有益資訊等等，而這正是Facebook的厲害之處。

基本上Facebook是可以免費使用的，我們沒道理不去運用它。即使讀了本書，**不付諸實行的話情況仍然不會有任何改變**。一切都取決於你自己的行動。我認為展開行動沒有訣竅可言，做任何事的關鍵只在於你的決心，看你要做還是不要做罷了。

一定會有人看見你的貼文。建議各位不妨先發1篇以「我開始使用Facebook了」為主題的貼文，勇敢踏出第一步吧！

我今後發布的最新貼文，或許能為實踐「Facebook行銷」的各位讀者提供某些幫助。對我的貼文有興趣的讀者，請務必發送交友邀請給我。提出邀請時如果還傳訊息告訴我本書的讀後感，基本上我都會接受邀請的。衷心期待能與各位成為「朋友」。

此次能夠順利出版本書，真的要感謝許多人的協助。最後請容我借這個地方獻上謝辭，謝謝大家。

感謝我的客戶「三田屋本店股份有限公司」與「Sago New Material Guitars」，同意我轉載貼文作為實例。

感謝技術評論社書籍編輯部的大和田先生，在這段約莫1年的漫長時間裡，每個月都撥冗與我開會討論，並提供精闢又有道理的意見，否則單靠我自己是想不出這麼多好點子的。

在我撰寫本書的期間，於Facebook按讚或留言支持我的朋友與粉絲，雖然無法在這裡一一列出姓名，我還是要向你們說一聲謝謝。

謝謝支持我出版的家人和夥伴。

特別感謝此刻正拿著這本書的讀者，我要向各位致上滿滿的謝意。

感謝所有參與本書出版作業的相關人士。真的非常謝謝大家！

坂本翔

【作者介紹】
坂本翔（Sakamoto Sho）

ROC股份有限公司執行長
行政書士事務所23代表人
社群網站諮詢顧問
次世代士業社群「士業團」團長

高中時決定要靠樂團吃飯，卻曾面臨只有3名觀眾到場觀看表演的窘況。因這個經驗而深感「集客」的重要性後，就學期間便嘗試運用當時流行的部落格招攬觀眾，最後成功令樂團活動「轉虧為盈」。
為了提高對士業的認知度而主辦「士業×音樂＝LIVE」，過去3場表演共吸引了逾600人次參加，還曾登上報紙和廣播節目的專訪。身為縣內最年輕的行政書士，開業後1年之內接到的案子超過100件。這些客源，全是運用社群網站招攬而來。
現在除了接受商工會等日本各地團體的邀約舉辦演講，個人也會定期開辦社群網站講座。此外，還提供中小企業社群網站的運用諮詢服務，並在次世代士業社群「士業團」中，支援同行的士業人士經營業務。目前正以行政書士兼社群網站諮詢顧問的身分，協助為現代集客問題煩惱的經營者。

Facebook…坂本翔
Instagram…genxsho
Twitter…genxsho
LINE@…@s323

日文版工作人員
內文設計／DTP　串田千晶（TAPEFACE）
編輯　大和田洋平

Facebook社群經營致富術

2016年10月 1 日初版第一刷發行
2020年 9 月 15 日初版第八刷發行

作　　者　坂本翔
譯　　者　王美娟
編　　輯　楊麗燕
特約美編　麥克斯
發 行 人　南部裕
發 行 所　台灣東販股份有限公司
　　　　　<地址>台北市南京東路4段130號2F-1
　　　　　<電話>(02)2577-8878
　　　　　<傳真>(02)2577-8896
　　　　　<網址>www.tohan.com.tw
郵撥帳號　1405049-4
法律顧問　蕭雄淋律師
總 經 銷　聯合發行股份有限公司
　　　　　<電話>(02)2917-8022

國家圖書館出版品預行編目資料

Facebook 社群經營致富術 / 坂本翔著；
王美娟譯. -- 初版. -- 臺北市：臺灣東販,
2016.10
304 面；14.7×21 公分
ISBN 978-986-475-153-2(平裝)

1. 網路行銷 2. 電子商務 3. 網路社群

496　105016692

TOHAN